光 明 城
LUMINOCITY

U0334451

看见我们的未来

1 UNIT
100 FAMILIES
10000 RESIDENTS
Design Thinking
of Social Housing

深圳市城市设计促进中心 编著
Edited by Shenzhen Center for Design

一户·百姓·万人家：保障房之设计思维

同济大学出版社
TONGJI UNIVERSITY PRESS
中国·上海

目 录　CONTENTS

一户 · 百姓 · 万人家
保障房之设计思维

前言

题目

　　"保障房无疑是中国当下热词……"这是 2011 年刚成立的深圳市城市设计促进中心（以下简称"设计中心"）接受深圳规土委委托开展保障房设计创新竞赛与研究时，作为开篇思考，我写下的第一句话。当时的想法是要借助研究、竞赛、展览与研讨，在保障房建设热环境下，提供一种冷思考，包括应用设计工具展开的理性和系统的问题梳理、跨专业多角度的讨论和创新的解答。现在三年过去，政府也已换届，保障房建设也相对冷却，梳理过往成果，观察建设现状，比较参考案例，我们倒是还保持着为保障房思考探索的热度，同时也希望能把这些成果放在设计思维的框架下加以整理和评述，使保障房课题和设计思维两者相互作用，得到相得益彰的深化和呈现。

　　最初这一课题只是一个保障房设计竞赛活动的

组织工作，但带着使命而新生的设计中心主张"用设计来解决问题"，因此工作重点并没有停留在通过设计竞赛获得一些户型与建筑设计方案，或者仅是憧憬和试图复制类似柏林住宅展览的保障房设计活动。我们需要针对要解决的问题，来设计解决问题的路径、设计竞赛题目、设计活动及流程。

　　最初几个月，通过资料检索、研讨，我们将保障房整个链条从头到尾梳理了一遍，以便找出所存在的主要问题。这些问题包括：真正的保障需求、房屋与土地存量资源的善加利用、资金和房源供给的可持续性、低成本住房与生活环境的营造、国外低收入社区与住宅的经验教训、等等。

　　面对保障房乱麻中整理出的节点难题，什么样的竞赛题目能引导参与者真正系统思考和解决保障房问题？这成为更大的难题。我们曾一度为如何兼顾竞赛的专业性和政策设计的公众参与而纠结，也为竞赛基地位置和规模的选择如何能反映我们的研究立场和主张而头疼。我们召集政府相关机构、建筑师、开发商参与多轮研讨和头脑风暴，第一轮选取的位于远郊保障房大地块的真实选址题目受到了棒喝，批评者认为这样的题目和我们反对保障房选址边缘化的立场相矛盾。虽然我们希望竞赛题目能结合真实项目基地以便有更多实施的可能性，但我们也意识到真实项目选址往往正是当下保障房误区所在，会传达错误信息，误导参赛者，扰乱我们的研究结果和想表达的立场。最终，我们放弃了真实题目，在保障房极为关键的布局选址上，将权利开放给了参赛者，并提出一个假想原型选址供选择——集大地块，交通分割，临近城中村、办公区和高档住宅区等复杂要素于一身。

经过反复权衡，与当时设计中心的兼职学术顾问杜鹃远程讨论，绞尽脑汁之后，一个具有系统针对性和文学故事性的题目终于被一点一点挖掘和提炼出来，几个月的系统梳理和研究终于有了回报。我们相信这是一个能兼顾规划设计与政策研究、城市策略与社区规划、用户需求与技术创新的题目，同时也是能促进保障房问题得到更加理性与系统解答的竞赛题目："一户·百姓·万人家"（1 UNIT·100 FAMILIES·10 000 RESIDENTS）。

"一·百·万"的三个数字，代表了所有保障房规划建设必须面对和解决的三个层次/尺度问题："一"代表一套户型的具体设计，如何为保障人群提供综合性价比最佳的基本居住单元；"百"代表解决保障房需求的资源整合策略，如何将成千上万的保障房任务化整为零、以百户为单位消化在已有城市存量住房中或已有社区边角土地上；"万"代表万一出现的（"百"策略未能完全有效的情况下）万人大保障社区的规划模式探索，特别是社区内保障人群低成本生活环境的规划建设。

这个题目里头，对户型提出性价比最优的设计要求，这个还容易理解，也是从规划部门建筑设计管理角度希望重点探索并期望能得到可供推广的优选户型。但保障房设计不仅仅是针对房屋本身，还涉及一个城市系统运作的效率、社会结构生态的平衡乃至城市空间资源的公平使用，当然，也包括公共政策。对保障房进行链条式和系统性的梳理来寻找总体解决方案，正是设计中心在实践方法论上与偏重于提供功能及形象解决方案的传统设计的不同之处。

问题

竞赛题目对保障房社区规模提出限定（百户左右），并要求大型社区（万人左右）考虑生活成本和就业机会，以及同步征集政策设计，其实是针对中国当下保障房在城市系统、社会结构及空间资源方面的认识偏差甚至盲区而提出的设计引导。

这些偏差或盲区主要体现在：

1. 简单把保障房看作是普通住宅或商业楼盘项目的低端版和缩小版。以致简单缩小的户型效用低，建造和维护成本高，配套与保障人群需求不匹配。

2. 把解决居住保障问题简化为孤立的建筑面积指标来完成，无视保障房与社会结构及城市正常运作的内在关系，往往集中在城市偏僻位置大量建设单一保障社区，造成新的城市交通、配套、就业和社会问题。

3. 仅仅从土地价值和社会分隔角度考虑问题，不考虑保障性住房在城市中心等土地价值高、低收入工作岗位也多的区位，以及与高档社区比邻的可能性和必要性。

4. 将保障房供应来源和途径单一化（比如仅仅是各级政府自上而下分配给规划与建设部门的任务），未注意到企业、市民甚至保障房人群主体，以及现有多样房屋资源和建设模式（城中村等）共同参与解决保障房问题的可能性和必要性。

而这些偏差或盲区的根源，是我们缺乏一种全面系统地认识和解决保障房的机制和方法。即使仅仅把保障房看作一种产品，无论是政策上的公共产品还是物理意义上的住房产品，这一产品都需要好好设计。好好设计的前提，取决于设计和委托设计所采用的方法。而所有的设计方法中，重视用户主体需求、感受乃至其主观能动性的方法最为关键。这是目前保障房诸多问题的根源，同时也是解决保障房问题的切入点。这种以用户为中心的思维方法，正是当今创新领域正在推崇和普及的设计思维。我们构想竞赛题目的过程，运用的正是这样的设计思维。我们甚至在竞赛任务书中提供部分用户调研资料，也鼓励选手做出自己的调研。

200 多项竞赛方案从各种角度丰富了我们对保障房的设计思考。之后的 2011 年 12 月，由杜鹃策展的竞赛成果及研究展"广厦千万·居者之城"，作为第四届城市 / 建筑双城双年展市民中心广场展区的特别专题，又增加了人民（用户）、节点、单位、房屋、城市、国家（政策）、建造和预制等设计和研究项目，并在展览现场面向观众进行了日常生活及住房需求的调查。这些丰硕的成果，吸引了众多专业者、

研究者的关注，规划主管部门也强力推动对这些成果的梳理、出版和分享。但面对琳琅满目的宝矿，如何有序开采、提炼、打磨，呈现其精华，而不只是简单的成果荟萃罗列，这是几年来困扰设计中心团队的一大难题，直到我们再次把设计思维作为解读和重新组织这些成果的工具和方法。

方法

结合 20 世纪以来设计方法论和教育发展的趋势，我们将应用于保障房课题的研究方法和设计思路，以及系列竞赛、展览、研讨参与者所贡献的方法论，不断加以总结提炼，概括成保障房设计思维，主要包含以下两层意思：

1. 设计思维是一种积极改善现实的信念体系，同时也是一种用以改进流程、产品或服务的设计方法体系。

我们相信保障房可以设计得更好，但永远不应局限于物质空间的设计，而是应在真正了解用户需求的基础上，通过政策、流程和房屋的同步设计，尝试解决好保障房问题。

2. 设计思维将科技、商业、人文与设计进行跨专业混合，包括了沟通用户需求、提出关联问题、引发头脑风暴、形象讲述创意、动手制作原型、检测迭代改进，直至产品化并能获得认可应用的过程。

好的保障房产品，无论是作为政策还是住房，都应该全过程地应用设计思维来研发。"一·百·万"保障房竞赛所提供的各种多元探索，主要集中在设计思维的提出问题、头脑风暴和讲述创意等概念阶

段，"广厦千万·居者之城"专题展览则展示了一些建造和预制的原型。而最关键的沟通用户、检测改进，则需要通过本书的整理出版，引发更多的用户调研和反馈，以不断提升保障房产品的性能和创新水平。

本书也是运用这样的设计思维体系，来搭建全书的篇章结构，分为设计思维、产品特性、用户需求、选址策略、社区建设、一户／空间设计、产品实施七个篇章。每个篇章除了主体论述文字，再辅以竞赛作品、展览作品及其他案例。而成百个竞赛作品围绕竞赛题目所做的多样探索，基于本书结构和篇幅的关系将不做完整的全貌呈现，而是在详细解读的基础上，依据其呈现的设计思维特征，分解到相应的篇章，为保障房系统设计思维的构建添砖加瓦。

2015 年末，住建部全国住房城乡建设工作会议指出，2015 年全国城镇保障性安居工程计划新开工 740 万套（其中各类棚改 580 万套），2011 年至 2013 年全国城镇保障性安居工程累计开工 2 490 万套，2014 年全国城镇保障性安居工程新开工 700 多万套，"十二五"总量将接近 4 000 万套，将超额完成"十二五"期间提出的全国 3 600 万套保障性住房的建设任务。同时，也提出住建部"十三五"的住房保障工作重点将放在棚户区改造上，不再大规模推行保障性安居工程。

撇开保障房数字，从互联网检索到的目前阶段媒体、公众和一些地方政府所认识到的保障房建设存在的问题还是不少，甚至会影响到"十二五"期间保障房建设的总体评价[1]。这些问题主要包括：制度设计欠缺[2]，融资及资金被挪用[3]，分配不公[4]，建成后因为供需错位、位置偏远及配套不足[5]、户型不实用以及质量等问题被空置[6]，退出机制未完善，等等。这些问题和我们这三年的研究与观察基本吻合，至于土地资源使用的空间效益、投融资的经济效益，以及通过保障房解决底层居住问题，同时消解因贫富区隔而产生的社会（负面）效应，则需要放在更宽广的视野、更长时段并以可持续发展的标准来评估。

保障房实践中固然问题多多，但中国俗话说：办法总比问题多。这种乐观的前提，不是随机去测试各种办法，而是重视方法论的系统探索。爱因斯坦从另外一个角度阐述了思维方法论的重要性：

"我们不能用制造问题的同一思维去解决这些问题。"

我们希望，设计思维能够真正帮助解决保障房问题，并且能避免制造新的问题。

黄伟文

1. 欧阳德. 中国保障房乱象 [EB/OL]. （2013-10-25）. [2015-08-15]. http://m.ftchinese.com/story/001053092.
2. 腾讯财经. 陈政高密集调研保障房建设大省 [EB/OL]. （2014-06-23）[2015-08-15]. http://finance.qq.com/a/20140623/010944.htm.
3. 出自：张晓松，崔清新. 审计发现，近百亿元保障房资金被套取挪用 [EB/OL]. （2014-6-2 4）[2015-08-15]. 转引自 http://www.gov.cn/xinwen/2014-06/24/content_2707543.htm.
4. 庄庆鸿. 七成青年网民不患保障房小而患分配不公 [N]. 中国青年报，2014-03-11.
5. 陈永杰. 加建保障房应赞 但选址及配套更加值得关注 [N]. 南方都市报，2014-06-25.
6. 沙红翠. 淄博市发布审计情况 存保障房长期闲置等问题 [N]. 淄博晚报，2014-06-28.

一

为什么要用设计思维
来思考保障房

保障房这一公共产品存在的诸多问题，既有公共政策的设计问题，也有住房产品的设计问题。尽管这些问题也被各种讨论提及，但一直缺乏系统的框架来审视和分析这些问题及其背后的系统原因。而传统的互不相干的政策设计和产品设计，也需要引进设计思维作为两者共同的价值观和方法论，来提升各自解决问题的能力。

1
保障房的诸多问题仍是设计问题

中国保障房问题从"十一五"规划中期（2008）突然受到当届中央政府的高度重视，到"十二五"规划（2011—2015）全国要建设 3 600 万套保障房，似乎保障房的突出问题是严重短缺问题，其次是资金、土地、工期，再次是派生的质量、配套、分配等问题，但仔细对这些问题进行共性和源头的梳理，会发现这些问题的本质，是设计问题。当然这个设计是广义的设计，是关于制度、政策、产品的设计。

保障房存在的诸多问题：资金、区位、配套、实用、价位……

在深圳住宅局 2004 年停止建造福利房、微利房，其房屋管理职能被并入国土局四五年之后，一些技术官员不得不又捡起有些生疏的住宅设计建设的管理工作。随着 2008 年政府工作报告把保障房建设列入工作重点，各地都被分配了越来越庞大的保障房建设任务，这距离中国住房改革正式停止实物分房也正好十年，不但负责住宅建设的各地官员会感觉业务生疏，就是为迅猛发展的住宅房地产服务并随之成长起来的建筑设计师，也会对政府投资的保障房设计感到极端生疏。

经历 30 年经济改革带来的高速增长，以及改革将房屋供应推向市场、迅速扩大供应量并附带来房价飙升、屡屡调控没有成效之后，时任政府重新提出保障房概念，并要求"十一五"规划（2006—2010）期间加快建设。国务院 2009 年下达建设保障房的任务是 370 万套，2010 年上升为 580 万套，按住建部数据统计，"十一五"期间解决了 1 500 万户城镇中低收入家庭住房困难问题。"十二五"规划（2011—2015）则更是提出建设 3 600 万套保障房，第一个开局年 2011 年就要建设 1000 万套，到 2015 年末实现城镇保障房覆盖率达 20% 以上的宏大目标。"保障房"迅速在 2010—2011 年间成为中国最热的词汇之一。

保障房在 2004—2012 年的突然加速和大规模建设，是对 1994 年国务院提出住房改革，特别是 1998 年国务院发文停止住房实物分配、开始实行住房分配货币化以来，房地产市场迅猛发展，同时房价飞涨、中低收入阶层望房兴叹、怨声载道的极端情形的大力纠偏。

习近平主席在 2013 年 10 月的一次讲话中仍然提到："加快推进住房保障和供应体系建设，是满足群众基本住房需求、实现全体人民住有所居目标的重要任务，是促进社会公平正义、保障人民群众共享改革发展成果的必然要求。"他要求"各级党委和政府要加强组织领导，落实各项目标任务和政策措施，努力把住房保障和供应体系建设成一项经得起实践、人民、历史考验的德政工程"。

但这史上少有的短期内大规模住房建设行为，涉及制定政策与计划、筹措资金、安排用地、委托设计、组织施工、接受申请、分配管理等诸多环节。而每一环节，对于作为保障房建设主体的地方政府来说，都是一项紧迫、生疏和缺乏经验的挑战，对于建筑设计师来说同样如此。因而在完成任务过程中，也难免出现问题。从互联网检索来看，目前阶段媒体、公众和一些地方政府都认识到了保障房建设存在的问题，这些问题也确实涉及保障房建设链条的所有环节，甚至会影响到"十二五"期间保障房建设的总体评价。

这些问题主要包括：制度设计欠缺，融资及资金被挪用，建成后因供需错位、位置偏远、配套不足、户型不实用以及质量等问题被空置，价格过高，分配不公，退出机制未完善，等等。

这些问题可以归为两类：制度、需求、资金、分配，这些属于政策设计上的问题；实用、配套、质量，这些则属于产品设计（包括规划）上的问题。而土地供应、位置选址、价格确定方面的问题，则既是政策设计的，又是产品设计的。这两类问题或者两类设计缺陷，也正体现了设计者对保障房这一特殊公共产品两项特性——公共福利与物质空间——的思考深度、对策广度和决策精度。而这种思考、寻求各种可能方案、做出最优判断的过程，无论是针对保障房的公共政策，还是空间设计，都是相通的解决问题的思维过程。而在这些系统的思维过程中，如果不能很好地解决保障房的系列设计问题，最终就会带来社会、环境，乃至人类尊严等方面的问题。

政策设计不当积累社会问题

保障房政策解决的是在商品房市场中无支付能力的中低收入阶层的居住问题，是工业革命推动城市化发展、城市人口迅猛增加之后，现代政府必须负责的居民居住与发展的权利问题，也是现代社会实现公平、正义必须解决的社会问题。

如果政策设计不当或出现偏差，比如仅仅以追求保障房供应数量作为目标和任务，而不能追根溯源保障房短缺或部分人居住尊严缺失的根本原因，

不能系统考虑社会中下阶层在城市空间和社会结构中的生态平衡关系，不能全面把握保障房物质性之外的商品性、福利性和城市基础设施特性，那么这样的保障房政策就不可能解决保障房需求中包含的经济、社会甚至是政治问题，甚至还会制造出新的环境与社会问题。这些问题也许积累到一定阶段，甚至会在居民的第二代之后再爆发出来，比如由于中低阶层居住空间的边缘化、与社会区隔，巴黎、伦敦都曾发生过城市骚乱。地处香港最偏僻位置的天水围，则成为外来人口和低下阶层悲情社会的代名词。

产品设计不当形成资源浪费

与适应市场竞争需求而成长的商品房设计不同，保障房设计因其用户需求、租售机制、管理维护、社交生活等方面的特殊性而应该被看作全新的设计门类。但大多数保障房组织设计方和建筑师都没有这样的设计思维，而片面地将保障房仅仅看作是一种户型小一些、造价便宜一些、配套简陋一些的住宅，因而基本套用商品房的设计流程、布局、户型（适当缩小）、景观、效果图，以及公共配套和管理等模式，从而生产出大量有设计缺陷的保障房。而这些位置偏远、户型不适用、配套没针对性、管理成本高的保障房，到分配环节才被用户所挑剔、所放弃，形成空置，造成社会资源的大量浪费。

问题设计挑战设计与人类居住尊严

这些保障房政策与产品的不当设计如果得不到及时和全面的反思与纠错，造成的后果，不仅仅是

空间资源的浪费和社会问题的积累，而且是在挑战设计与人类的居住尊严。经过 20 万年演化的现代人类，除了与其他动物一样有着筑巢造窝的直觉本能，更重要的是在演化过程中获取并总结了各种建造自身家园的技能和知识。我们可以将人类创造自身生活环境和物质空间的技能知识称之为设计，把有尊严的居住看作当代人类个体的基本权利，因此当代设计必须将解决人类有尊严的居住看作自己的使命。有问题的保障房设计，是对设计使命和居住尊严的双重失职和损害，是设计用来解决问题的思维或方法还存在缺陷，也是设计这门专业或学科必须面对和解决的。

2
为什么要引进设计思维

广义的保障房设计不应当只是房屋设计，还应该包括达到保障目的的产品全过程的设计。任何没达到目的、不为用户满意的产品问题，都是设计问题。设计师有责任去探究产品问题，而不只是将工作限定在完成图纸设计。这是要设计师管得太宽吗？听听现代主义建筑前辈勒·柯布西耶的话："建筑，或者革命！"他的潜台词是：如果建筑师解决不好居住问题，那么革命就可能要发生了！

设计思维可以超越住房及其政策设计的局限来寻求最优解

把保障房各种问题归之于设计，可能会让很多建筑设计师不快。他们有很多理由：偏执的甲方、仓促的时间、菲薄的设计费、不合理的条件和任务、其他专业的配合不到位、施工质量差……但是，如果建筑设计师都不能对最终的住宅质量负责的话，那应该由谁来负责呢？如果传统的设计分工使得没人为住宅的整体质量负责，那么这种设计分工机制就是有问题的。我们不可想象当用户对一件产品比如手机的质量有投诉时，居然找不到责任人，但目前的住宅设计机制似乎就是如此。这就是为什么要在保障房设计中引进产品设计思维和质量管理机制，把保障房当作一种产品，对其全过程进行设计质量管理。而住宅作为一种产品时，其设计过程就不再是传统的户型、单元和小区布局设计，而是扩展为从需求调研、政策制定、目标定位、用户参与，到施工安装、租售分配、管理维护的全过程信息回馈的设计链条。

或者又有设计师要质疑了：政策设计和产品设计是两个环节和领域，涉及的专业和原则都不一样，建筑师能管得了这么宽吗？

是的，如果局限于传统设计观念和方法，建筑师和政策制定者可以各管各的，最终产品对用户需求和问题的响应度就会缺乏协调性和系统性。

如果建筑师坚持只负责保障房产品的空间设计，而不考虑保障房产品与政策及社会环境的关联，那么产品在分配和使用中出现问题甚至是产品失败时，建筑师的工作也就跟着失去意义。典型例子如世贸双子塔大厦建筑师山崎实精心设计的、最终因为使用中的诸多社会问题而被美国密苏里州圣路易斯市政府炸毁的普鲁伊特 - 伊戈（Pruitt Igoe）社会住宅。

另一方面，如果保障房政策制定者没有产品 / 空间设计的相关信息和知识，不了解空间福利产品的诸多特点，那么福利政策的制定就可能与城市功能布局、社会结构、市政支持系统等脱节，同样会导致保障房政策不能有的放矢解决问题。这方面的案例，如因为保障房标准、适用人群、选址、分配等环节的不当设计而造成各种问题甚至使住房空置的情况，亦比比皆是。

保障房产品的最终目的是帮助中低收入人群解决市场经济下的居住尊严问题，无论政策还是产品本身，都应该共同协作，以用户为核心来解决问题。当这种解决问题的目标导向确定后，也就可以引进设计思维，以此作为顶层和统筹的思想方法来协同各种资源，从而在各个阶段都能创新地解决问题，保证保障房产品的最终目的得到实现。单独的福利政策、单独的住房设计，都会因为目标、专业的细分而容易形成思维和方法的局限，从而忽略了整合现有与潜在的资源 / 技术来更好地解决问题的可能。引进和融入设计思维的福利政策设计和空间产品设计，则可以从不同的角度和阶段切入，用同样的思维方法来为居住问题提供最优解决方案。

设计思维是综合和创新解决问题的工具

为什么说设计思维是一种更综合有效地解决问题的工具？

首先设计思维不是某些特定设计专业已有的思维方法，而是随着 20 世纪设计、技术与人文理念的不断融合而产生的一种创新解决问题的系统性思维，并且在 21 世纪涌现并应用于最前沿的设计教育（如斯坦福的 d.school 和哈佛等商学院课程）、产品创新（如较早的美国设计公司 IDEO 为苹果公司提供的鼠标设计），甚至于美国的军事项目。

IDEO 是较早提出并将设计思维应用于产品开发与服务改进的企业，其总裁兼 CEO 提姆·布朗这样定义设计思维：

"设计思维是一种以人为本的创新方法，灵感来自设计师的方法和工具，它整合人的需求、技术的可能性以及实现商业成功所需的条件。"

这个朴实的定义里，需求、技术与商业这三个要素需要被重新认识、定义和综合应用，以达到设计的目的：利用技术和商业资源的优化组合来解决问题，服务需求。

相对而言，设计思维之所以更能综合和创新地解决问题，主要因为其发展出了以下几个特色：

1. 需求 / 用户体验研究与同理心应用。设计思维强调设计的根本目的是用来解决用户的特定需求，因而重点和导向不再是设计师所接受的传统艺术设计的形式训练和个人理念品味的实现。为了从用户需求出发来推导创新解决方案，设计思维将理解、观察与体验用户需求当作一个重要的设计阶段和设计任务予以研究。具体方法是要求设计师具备与用户主体平等沟通的觉悟和技能，对用户的诉求和痛点感同身受，通过不断追问"为什么"来洞察问题背后的根源所在，将同理心（Empathy，又翻译作移情、共情或同感，一种来自心理学的沟通方法）代入用户角色中，帮助用户整理出潜藏其心底、未能觉察和表达出来的真正需求，也就是界定出更加具体和清晰的任务要求。有了如此扎实和深度的用户需求调研并清晰定义出所要解决的问题，通往成功的解决方案之路可以说已经走完一半，因为答案的线索、特别的创新点、未来用户青睐的要素、潜在技术的应用、商业的可行性，等等，已经暗含其中，等待设计阶段的敏感捕捉和充分利用。这和普通设计，尤其是城市与建筑设计通常面对模糊的用户想象、业主粗放甚至是抄袭而来的任务要求就展开设计（最后结果往往是设计师个人习惯的、常规的方案）有根本的区别。

2. 开放的众智求解过程。设计思维既然强调以解决问题为导向，为了寻找最优解决方案，就必须在问题和答案之间做最大的开放，排除个人的先入之见、路径依赖和教条八股。这个开放性，一是体现在各方主体（用户、市场人员、设计师、材料专家、建造工程师等）的开放参与和众智整合，二是体现在专业知识（设计、科技、商业、文化、社会等）和不同思维的开放交融，三是体现在方案的不确定性和反复测试、修订、迭代的过程。相比较在建筑和一些城市设计领域，古今中外通常的自上而下的、精英的甚至是个人英雄主义的设计（如隋炀帝与宇文化及的大兴城、忽必烈与郭守敬的元大都、拿破仑三世与奥斯曼男爵的老巴黎改造、科斯塔与尼迈耶的巴西利亚、柯布西耶的昌迪加尔），设计思维倡导的是自下而上的、开放和众智的解决方案。

3. 用手思考的可视化原型测试。设计思维的各种开放讨论和探索，都要借助可视化工具（框图、草图、模型等）来进行系统表达，以便刺激参与者手脑并用，方便检视抽象思维 / 数据思维 / 分析演绎思维中的漏洞和盲区，并帮助快速生成方案原型。这种可视化表达是在寻求解决对策过程中，对形象思维的重要引入和发挥，看起来是传统设计师的长项，但与传统设计可视化偏重于结果表现（各种效果图）所不同的是，设计思维的可视化特别注重将求解过程中的信息收集、发散思考、灵感涌现进行系统的可视化，以形成手、眼、大脑、材料之间信息 / 创意的不断回馈和激发，并通过原型的表达、测试来不断改进。

以上设计思维倡导的具体方法，很多正是传统设计所忽略或不足的地方。因而面对居住保障等新老城市问题的挑战，以及传统设计实践长期未解决好的问题，不妨应用一下这种综合创新的设计方法论。

设计思维是社会创新工具

其实，设计思维并不仅仅是一种综合创新解决问题的有效工具和方法论，更重要的，还是一种相信我们能积极改变世界、改善环境的价值观和信念。

因此设计思维是具有价值观的方法论，它的价值观就是相信人总可以找到更好的办法，以更少的环境、社会和经济综合代价来解决问题。

因而设计思维的理念和方法，当然不只适用于产品设计，而且能广泛应用于服务、政策等非物质的软环境设计，包括制度流程、经营模式、组织架构、工作环境、社区营造、教育创新等的设计。设计思维作为一种结构完整的系统思维，在应用到其他产品、行业、企业和领域时，还能通过与这些行业、领域的交叉应用，产生更多有意义的产品或服务的创新模式。这当然也包括如何调动资源，以更少的消耗和成本创造最大公共福祉的社会创新领域。

放眼全球的社会住房/公共住房建设，理论、政策、产品，也是各种各样，有经验有教训，争论和探索也从未停止过，并无一套可以照抄的做法。要探索适合中国当下实际的居住保障方式，将投入资源的效益最大化，真正达到居住保障的目的，仍需要对这一领域既有的理论与实践案例进行系统梳理，对不同立场的经济模式与福利主张进行深度研究与比较，广泛听取用户需求，进行跨专业的思考与协作，最终找出最优解决方案，实现中国的社会创新。而显然，在这一过程中，设计思维是不可缺少的有效工具。

设计思维是可以被广泛掌握和应用的思考方法

当我们强调设计思维广泛有效的应用潜力时，还要指出我们谈论的不是一套玄妙的专业技能。设计思维更重视的是其可学习、可复制的特质，它倚重的不是设计师个人的创意灵感（虽然这个也很重

要），而是要通过不同专业的人，以不同的角度和有效的协作程序，共同产生解决问题的创意，然后设计出一个创新的产品或服务。设计思维的团队应该由各类不安分守己、渴望另类解决问题的人组成，他们的专业可以是医生、律师、生物老师、公务员、社会人类学家、材料工程师、施工技术人员，当然各类设计师也不能少。大家遵循设计思维所强调的"理解""观察""分析""创意""原型"和"测试"六个步骤，集中有效地开展创意活动。

与传统思维方式上来就避免失败不同，设计思维强调的是每个参与者的动手动脑，全身心投入。而这些行动的结果不是为了立刻得到正确答案，而是提出正确的问题。正确问题的提出，就为有的放矢解决问题打下基础。通过快速生成原型，测试迭代，即使是失败的原型设计，也会为团队获得有价值的反馈，深化对问题的理解，从而为下一次迭代创造机会，这样反复快速的循环改进，最优的答案也就会水到渠成。

正因为有这样开放的、可以被复制和广泛应用的特点，设计思维降低了设计参与的门槛，把设计创新的权利重新赋予没受过设计技巧训练的人，从而形成了众智参与—创意激发—设计传播—大众创新的良性循环。

3

如何应用设计思维重新思考居住保障问题

居住保障问题是自工业革命，特别是英国伦敦产业工人居住条件严重恶化之后至今的一百多年里，经过各个国家，在各个阶段，各种专业领域主体反复思考、探索和实践要解决的难题……设计思维要给出自己特别的角度和发现，无非是重新思考和不断追问一些本原问题：在现有模式建设保障住房来解决居住保障问题之外，还有哪些方法可以更直接、更经济、更系统、更无副作用地解决居住保障，实质也是解决人的尊严、自由发展和自主选择的问题？

产品定位：跨专业、多角度的思考

设计师，当然也包括很多普通人，对保障房的第一反应会是关于房屋的想象，和政府提供的福利。设计思维强调的是对产品定位和作用的深度理解和洞察，也就是先放下对房屋物质形态的想象，放下一切现有的成见、说法、习惯的解决方案，重新开放地、跨专业地对居住保障问题的实质做更深入的追问。

首先要突破的是保障房是一种福利性居住空间的狭窄视角，以及现有保障房定义的局限性，要有系统生态观，能看到保障房与其他住宅类型之间的经济生态关系，能看到保障房用户与城市其他居民之间的社会生态关系，能看到保障房分布与城市运行效率之间的适配关系，能看到保障房社区人群居住、工作与社区管理运营之间的协调关系，能看到保障房成本、建造方式与用户支付能力的匹配关系，并且通过这些关系，对保障房产品进行准确定位和定义。

在这些关系的探讨中，开阔的视野、开放的思想与知识的分享交流尤为重要，因为当我们要追问保障房的福利政策时，我们甚至要追溯到福利概念的源头，以及不同经济理论流派对住房福利的主张，包括福利覆盖人群的大小、福利形式、资金渠道等，因为所有这些因素，都是影响到公共资源用于居住保障的最优解决方案的部分变量。最典型的如保障房中廉租房是否配置厕所（由经济学家茅于轼2009年3月向媒体建议廉租房仅设公厕引起）的争论，就是要纳入设计思维进行思考的问题。

用户主体：同感、参与及其主体性的发挥

设计思维比常规设计更强调对用户需求的深刻理解，主要体现在以下这些方法中：

1. 对用户需求的理解，应该落实到具体的用户需求调查和研究，以及对所要解决问题的洞察和清晰定义上。不要听天才的乔布斯关于"别问用户想要什么"的话，尤其当你要设计的是别人的住房和生活的时候。

2. 强调设计者对用户需求能够感同身受。设计师除了要有这种代入体验与互动的能力，还可以将用户参与设计也纳入所提倡的跨专业协作设计。

3. 以现代沟通理论为基础，已经有一些新思维的建筑师（如提倡"协力造屋"的中国台湾建筑师谢英俊）正在重新定位与用户的关系，认为用户应

该是与建筑师平等合作、互为主体的。甚至在深圳市城市设计促进中心组织的保障房设计竞赛中，呈现了一些将住宅建造／改造权利开放给住户的尝试，这些都是对设计思维的用户／设计师主体之间关系的开拓。

对用户主体的重新思考，将会突破设计师／用户间单一的服务／被服务关系，让设计师与用户都能从居者角度思考人的居住权利及其实现途径，从而更能从源头、基础性和主动性层面来解决居住问题。

居住保障与城市的关系

设计思维对居住保障的系统思考，还必须扩展到城市系统的角度，即探讨居住保障与城市机能运作及其效率的关系。说得简单易懂一些，保障房的选址分布，不仅需要去看是否有合适的土地（所谓合适，从土地财政角度通常是指足够便宜和不重要、有一定规模能够一次性批量建造），还得看保障人群与周边社会结构的生态均衡，以及保障房与就业机会和通勤出行之间的匹配。否则可能你设计出来的是保障人群仅仅因为位置不合适（往往是太偏远增加了出行成本）就不愿意去住的住房，或者是因为增加大量长距离通勤给个人增加痛苦，同时给城市运作效率带来巨大负担。

因此解决居住保障的目标，与实现城市宜居的目标应该是关联的、一致的，体现在如何让城市系统更加适合所有人居住（支付得起的）并且还要保持运作的高效（简单的原则就是要让工作人口尽可能就近居住、生活以减少通勤）。从这个角度看，显然在大量中低收入工作岗位集中的地方安置／插建／扩建保障

房，比在大量安置保障房的地方来创造工作岗位要经济合理和可行得多，但现有的观念、规范和新自由主义的空间生产模式都不支持前者的实施，造成了工作岗位与居住生活的严重分离和城市效率的低下甚至是难以宜居，这也需要设计思维从政策、规范角度去思考和设计。将居住保障当作一个城市系统发展的基础条件／设施来定义和操作，非但是对居住保障与城市关系深度思考的一个重要认识，也是从基本规范和政策上解决保障房与现有的、按市场价值配置使用土地之间矛盾的创新方法。

产品的适应性和可支付性

保障房除了有其社会、城市属性，它也是要满足个人居住需求的产品。尤其是作为生命周期较长、与不同个体的生活相伴时间也较长的产品，保障房不可能在设计阶段就完全预计到几十年技术、生活的变化以及次第进来的住户个人发展的多元需求，所以更好的解决方案，是保持保障房空间和时间的适应性、用户介入改造甚至扩展的开放性。浅显一些说，就是在提供一个居住单元的框架后，具体的房间空间划分利用，甚至室外空间的扩张利用，都可以考虑有一定的开放性，让用户自己来安排。当然另外一个方向是推动家具的可变性来让同一空间在不同时间可以兼有不同用途，这个需要家具产品设计的配合。

保障房的另外一个重要因素——正如国外对这一类房子的另外叫法"可支付得起的住房"（affordable housing）——是房价或租金的可承受性。不是房子建好后由政策制定者独立定价，而是定价跟房子的

建造成本密切相关，因而也是一个设计问题。从设计思维提倡的用户需求导向出发，设计应该基于用户的支付能力和政府的福利补贴范围来控制保障房成本，除非我们还有其他提高用户收入水平和支付能力的办法（这也不是不可能，而且这一方向更有意义，但挑战难度更大，所以先按下不表），否则就会出现像一些报道中提到的尴尬状况——保障对象终于苦等来了选房资格，选好了房子，才发现超出自身支付能力而最终望房兴叹。或许这些年商业房地产的高度发达，已经让建筑师与建造承包商对于让设计与建造变便宜的方法倍感生疏。但便宜的设计与建造，绝对应该是一种需要有针对性地研发、能创新解决成本问题的、相对独立的设计与建造体系，而不是商业楼盘设计与建造的简陋缩水版。那种因陋就简、权宜将就、最后因种种不适用而被用户拒绝接受的保障房，浪费了各种资源，是对保障房用户以及设计本身的双重不负责任，其所反映的问题也必然是设计思维要面对和解决的。

二

产品特性：保障房是什么

什么是保障房？根据国家相关政策，"保障房是指政府为中低收入住房困难家庭所提供的限定标准、限定价格或租金的住房，一般由廉租住房、经济适用住房和政策性租赁住房构成。这种类型的住房有别于完全由市场形成价格的商品房"。通过释义，我们可以看出保障房的几个特性，即保障房是物质性住房，是政府责任，是解决中低收入者住房困难的一种社会福利。这些是否能全面定义保障房，或者说保障房有无别的意义？是否也是一种商品？是否是保障城市效率的基础设施？

1
保障房认知存在的问题：
是砖头还是居住权利

谈起保障房，我们所理解的保障房可能是政府为低收入群体提供的一种福利住房。或者更进一步说，它包括了公租房、廉租房、安居型商品房、经济适用房等。而这些理解其实还不能让我们全面认识保障房，那保障房到底是什么？

保障房仅仅是房屋或者居住的机器吗

保障房最为普遍的定义是政府为人们提供了一个看得见摸得着、有居住功能的住房，是住房的一种形式。除了这种物质化的空间属性，保障房是否还拥有其他属性？单纯的一个房屋能满足保障房需求群体的需要吗？

答案是否定的。保障房不仅仅是一个人用来栖身、不至于夜宿街头的空间，它更是承载保障房人群生活的空间。而人需求的多样性也是不可回避的事实。早在 1933 年柯布西耶起草的《雅典宪章》就指出，城市具有居住、工作、游憩与交通四大功能，这些活动都是每个个体在城市中必然发生的活动，作为城市组成部分的各单元也应该考虑这几大功能需求。也就是说，保障房不能脱离这些需求而建设。深圳近年发生的保障房弃租情况也佐证了保障房不仅仅是房屋或者居住的容器。如果地理位置不佳、公共服务配套欠缺等情况突出，保障房不能满足上述的城市基本功能，即使有条件获得的住房也会被弃置。

居者有其屋：如何看待居者权利

在中国悠久的文化传承中从不缺少对于房屋的重视。帝王们以人民"安居乐业"作为治国理政的目标而努力，先贤志士也曾就住房写过不少家喻户晓的金句名言。如孟子的"居者有其屋"、杜甫的"安得广厦千万间，大庇天下寒士俱欢颜"。作为古人的一种夙愿，人人享有住房在中国有很深的意识传承。20 世纪初，中国民主革命的先驱孙中山先生把"居者有其屋"列为建设中国方略的一条重要任务。而 1947 年中国共产党则将"耕者有其田，居者有其屋"写入《中国土地法大纲》。

与此同时，国际上也将居住视为人的一项基本权利。1948 年，联合国《世界人权宣言》中写道："人人有权享受为维持他本人和家属的健康和福利所需的生活水准，包括食物、衣着、住房、医疗和必要的社会服务。"1981 年的《住宅人权宣言》提出，将拥有适宜于人类的住所明确定为所有居民的"基本人权"。1991 年联合国《关于获得适足住房权的第 4 号一般性意见》中提到："住房权不应当从狭隘的有限的角度来解释，例如将之等同于仅仅有一个可遮住头部的屋顶的居所，或将居住场所单单视为一种商品。相反应将之视为安全、和平、尊严地生活的权利。"

住房为生命提供了栖居、繁衍、交流的特定空间，是每个人不可或缺的物质空间。我们必须在意识上进行革新，重新认识住房作为人权的重要性。只有将住房看作一种人权，把用户放在主体而非客体的位置上，用户的需求才可能真正实现。同时，重视需求群体的主体性有助于设计出具有高归属感、认同感的住房，加速人人享有住房目标的实现。

而当下中国的保障房语境，较少从个人权利的角度来考虑保障房问题。定式思维将保障房视为政府的一种责任，一种给予低收入群体的恩惠，低收入群体也处于一个被动接受施舍的位置。这也就不难理解，当下的保障房政策的制定，更多的是一种自上而下、政治性的政府行为。各级政府以完成套数和保障人群的家庭数为责任（任务），较少去考虑保障对象的个体需求。

宅者人之本也：住宅与存在

《黄帝宅经》中就曾写道："宅者，人之本也。人因宅而立，宅因人得存。人宅相扶，感通天地。夫宅者，乃阴阳之枢纽，人伦之轨模。"这是中国古人对人宅关系的高度总结，认为事关人之本体及存在（本、立、存），以及与自然的关系（感通天地），与健康的关系（阴阳枢纽），与家庭社会的关系（人伦轨模）。

7000年前的史前文化就是通过居住地——聚落而被发现的。如中国长江下游以南最早的新石器时代遗址河姆渡遗址、黄河流域新石器时代仰韶文化聚落遗址的半坡遗址，这种居住模式都记载了人类文化的演变历程。家的甲骨文写法上面是"宀"

（mián），本意为屋内、住所。这也可以看出房屋在中国人传统的意识形态中具有极为重要的社会属性，它代表了家，是一份归属感，是中国人追求的根。有了家，工作和生活才能更踏实。

马斯洛的"需求层次理论"将人类的需求分为五个层次，由低到高依次为：生理需求、安全需求、情感和归属的需求、尊重的需求以及自我实现的需求。他认为有些需求不仅只存在于低层次的需求中，也会在高层次的需求中体现出来，只是在不同的需求阶段中，对事物的要求会不同。

同样，对"住房"需求的原因也会随人需求层次的变化而变化。房子对于人类，已经走过了遮风避雨、躲避野兽的洞穴时期。目前，随着物质水平的不断提高，个体更多考虑的是情感需要、归属认同感，且并不希望他人介入，希望占有房屋的安全得到保障，即占有房屋所有权，甚至于希望通过房屋来建立新的社交圈子，以体现自己的社会地位、生活品位。住宅已经不仅仅是作为生命的庇护场所，人们更是通过住宅实现自己的社会归属感、社会地位及生活品质，甚至于住宅代表了个人生活的幸福程度。这种身份象征对于富裕阶层是正向的促进作用，但对于低收入阶层则会成为另一种标签，不仅会受到富裕阶层的排斥，也会导致贫穷阶层社会关系的疏远。

根据美国经济学家萨缪尔提出的"幸福指数"公式：幸福＝效用／欲望，可以看出幸福不是一个固定的实体，它是物质与精神的统一体。于是我们发现，分子越大，分母越小，分数越大。也就是说，幸福程度的高低取决于价值的实现和内心的知足两方面。然而在"全民购房"潮流的怂恿下，人们对效用的追求远远大于对欲望的克制，幸福逐渐被"实物"取代，转而和财富画上了等号。

2
保障房如何受到房屋商品特性影响

由于存在收入分配的不均，有些人无法按开放市场上的房屋价格来购买商品（房）。基于这一事实，政府通过建设保障房，构建保障房与商品房相结合的社会"二元"住房体系来实现每个人都能获得合理的住房。虽与商品房有所区别但同为住房，作为一种紧缺型、可增值及针对特定个体的福利价值，保障房也具有了一些商品房所拥有的特性。

保障房与商品房的空间排他性与有限性：地段

住房除了使用价值外同时具有商品价值，所以也受市场规律影响。市场经济作用下，要素会按照机制择优区位，导致城市空间的有序化，从而实现城市资源利用的正效应。对土地承租能力较高的往往布置于可达性、土地和资源相对较优的位置。区位理论也说明了城市用地空间分布上与经济资本相关性的规律。地段的唯一性，导致这种稀缺资源在城市中极具排他性。

华人巨贾李嘉诚有句耳熟能详的投资名言——"买房看地段"，这不仅是一个地产开发商的投资策略，同样也是购房者的一个标准。好的地段，出行、购物、娱乐、健身、就医、就学……任何一项都能轻松解决。2013年，新京报联合新浪乐居调查显示，购买自住型商品房首先考虑的因素中，50.6%选地段（总价33.7%、配套10.2%、户型4.7%），可以看出住房选择的主导因素仍然是地段！

对于保障房人群更需要考虑的也是地段，包括与中心区的距离，与交通站点、配套设施、自然环境、上班地点的距离。在生活需求满足的同时也有利于生活成本的降低，这样的住房位置才是首选。然而目前的保障房建设却忽视了位置的重要性，绝大多数的保障房在空间分布、教育及日常生活配套、交通与就业安排上都呈现"边缘化特征"，甚至引发居民对保障房的直接弃选。而深圳的保障房正呈现出这样的趋势（图1）。

保障房使用对象的经济承担能力有限，社会能力相对较弱，导致其对城市的社会配套、就业等具有较强依赖性。而目前的保障房建设迫于任务的急迫性及量的需求，往往忽略了区位对于保障房使用人群的重要性。好的区位既能减少保障房使用群体的经济负担、增加生活便利，同时也会给他们创造改变生活阶层的机遇，这对于保障房使用群体至关重要。除了物质上的满足，好的区位也有助于提升保障房使用群体的社会归属感。

空间生产的资本特色：保障房的空间与社会隔离

城市规划的主旨是为了创造有序的、可持续发展的城市空间。阶层、种族、贫富等因素的差异导致了城市空间的分裂和互相隔离，以及城市空间以不同形式所表现出的社会分化[1]。需要注意这些因素带来的分化并解决它，以便维护社会正义、社会公平。

社会正义的定义也在不断地被讨论，边沁（Bentham）所谓的"the greatest good of the greatest number"追求的是集体或多数的效用最大化。在城

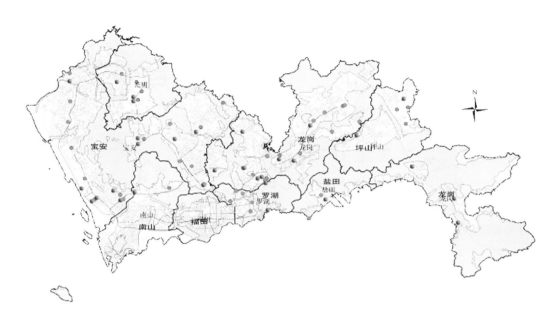

图 1 深圳市 2011 年保障性住房各区布点分布示意图

市变迁的过程中，空间资源的合理平均分配也体现了个人或集体形态对社会正义的理解。空间正义因此包含了对城市的均衡发展和城市资源公平分配的基本要求。在保障房、教育、配套设施等公共基础设施类的城市配套中公平合理地分配资源和利益是社会不同阶层共同发展的基本要素。在这一前提下，城市需对保障房的选址和城市开发现状进行综合考虑。

而随着中国社会贫富差距的逐渐拉大，社会各阶层在居住形式上出现了空间隔离。城市实体空间形态作为一种社会身份的外在表现形式，成为界定领域或阶层间差异的直接标志。富人独居豪宅别墅或者私人化高档社区，而低收入者则大规模聚居于保障房或者城中村之中。这种因经济收入差距而出

现居住空间同质聚居的现象已成为城市发展的主流规律。在区位较好、交通便利的社区表现为高社会经济地位以及高教育水平的人群逐步迁入，而低收入群体逐渐迁出；而在区位较差、交通条件长期未得到改善的社区，表现为外来流动人口集聚、社会经济地位较低、受教育程度不高的人群逐渐迁入，同时老龄化的趋势也较明显[2]。中国现有的保障房社区和城中村正呈现后者的趋势。这种过度同质，尤其是经过过滤作用之后的同质容易造成社会资源分布的进一步不公，引发社会治安秩序问题。西方众多学者对居住隔离问题的研究不断证实，这一隔离现象也会间接影响人群的道德水平，同时对公共品消费能力和劳动力产出也都会产生负效应。

房屋投机导致的结构失衡——我们真的缺乏住宅吗

中国的住房政策，在计划经济时期作为全民福利，民众住房采用福利分房模式来解决。而随着市场经济改革的深入，在 20 世纪 90 年代末逐渐完全采用市场化商品房模式，由住户通过市场交易来取得住房的所有权或使用权。由于城市居民收入增长、城市土地稀缺等原因，中国房地产价格自 1998 年以来迅速上涨。市场经济对利益的过度追求造成了住房民生属性的弱化、商品属性的突出。在经济利益的刺激下，导致市民对于住房观念由"置业"逐渐转变为"投资"，进而引发住房资源结构的不均衡。

《中国民生发展报告 2012》数据显示，2011 年全国人均住房面积为 36.0 平方米。同年的深圳根据统计共有 4 亿多平方米的住房面积，约 600 万套住房，人均 40 平方米[3]。这些数据已达到甚至是超过了《城市居住区规划设计规范》所规定的上限每人 38 平方米的规定。这表明深圳已明显超过全国平均人均住房面积水平，进而推论可知深圳住房资源在总量上实际是充足的。这种结果正是大家将房屋视为金融品投机所引发的结构性失衡。

相继在全国出现的以"房叔""房嫂""房爷"等为代表的精英阶层拥有大量房屋资源，正是投机行为的直接反映。这种投机同样也蔓延到了保障房领域。到目前为止，一方面我们实际完成的保障房任务量仍很小，也未能完全解决住房紧缺的问题，但另一方面保障房分配中也出现了"豪车门"、骗购、腐败等丑闻。即便出台了对应的惩治措施却仍有这么多人铤而走险，是由于保障房跟商品房的巨大差价，使得保障房这一"居住工具"迅速变成了"投机工具"，而随着外来人口的飙升以及人们日益强烈的投资需求，房价一发不可收，但此时政府手里却难有有效的调控手段，这样就使得投机者也将目光投向了保障房。

3

保障房：福利产品有哪些利弊

福利范围如何确定

住房有别于其他商品，它具有双重功能：既有商品属性又有公共产品属性，具有社会保障的功能。上文也已论述过，早在 1948 年《联合国人权宣言》中就已明确将居住权列为了基本人权。在承认住房商品性的同时，我们更应该去维护住房的社会福利属性。否则严重超出支付能力的昂贵住房，将会剥夺需求群体的基本人权。保障房作为一种社会福利型住房，世界各国虽国情、住房政策不尽相同，但都采取了各类不同的手段来保障低收入群体的住房水平。无论何种政策，它们的目标只有一个——

居者有其屋，即将保障房作为一种社会福利。政府认为公民的基本居住权利需要得到保障，认同住房的商品特性和社会福利属性，均对房地产市场采取了一定的主动干预政策。

通过对西方国家近百年的历史分析，我们发现，住房的国家经济政策大致经历过两大阶段，而这恰巧也与西方国家在经济领域推行的主导思想，即凯恩斯主义与奥地利学派（或新自由 / 哈耶克主义）的时期一致。两者的共同特征就是，20 世纪 70 年代之前主张国家干预型计划经济，而之后则推行倡导自由竞争的市场经济。

保障房作为中国的一项社会福利，应该保障多大范围？"十二五"开局之年，国家提出新建各类保障性住房 3 600 万套，实现 20% 的覆盖率。按照一套住房解决 3 个人的居住来计算，那么 3 600 多万套保障房就能解决 1 亿人的住房问题。2013 年，习近

1974 年尼克松政府制定了《住房和社区发展法》，该法案被认为是美国住房政策的分水岭。在这之前的住房政策采用的是间接的方式补贴中低收入阶层，即通过补贴住房开发商（降低开发成本、降低租金）来使中低收入阶层间接受益；而在这之后，住房保障的重点放在直接补贴需求者，提高其支付租金的能力。目前全美约有 120 万套公共住房，10% 的低收入者住保障房。

在英国，住房保障也经历了一个漫长的发展过程。1945 年，英国经济高速发展，农村人口大量涌入城市，住房严重短缺。政府开始关注住房问题，并颁布全世界第一部住房制度——《住房法》，明确"建立政府支持与居民合理住房消费相结合的住房制度"。1979 年，撒切尔夫人政府时期，推行为减轻政府负担实行鼓励私人购买自住公有住房的政策，具体做法是降低房价、优惠贷款以及灵活的产权分享形式，并通过提高房租等措施鼓励私人参与出租住房的建设。目前英国有 20% 的低收入者住保障房。

二战后，德国大规模兴建社会福利住房，解决低收入者的住房问题。1956 年，德国政府颁布实施了《住房建设法》，鼓励私人投资建房，随后德国出现了众多的住房合作社。20 世纪末开始，大多数居民的住房问题得以解决，福利房逐渐退出历史舞台，但政府仍然通过控制房价、房租等手段保障低收入者的住房。目前德国保障房的比例约在 10% 左右。

平指出，"十二五"规划提出的建设城镇保障性住房和棚户区改造住房3 600万套，是政府对人民作出的承诺，要全力完成。然而保障房存在的资金压力不能忽视。从目前情况来看，即使中央不断施加压力，相当部分地区实际上依然非常缺乏大规模建设保障性住房的积极性，尤其是没有积极性去为那些真正需要住房的外来务工人员家庭、非本地户籍的大专院校毕业生提供保障性住房。从这一点来看，这种自上而下的任务缺乏与地方实际情况的结合，导致任务的落实存在很大阻力。那么，中国保障房覆盖范围的合理范围是多大？

2010年，中国的保障房覆盖范围是7%~8%。蔡慧声研究认为，到2015年，城镇贫困人口（低收入人群）约达5 500万，约有1 800万个家庭，政府需要提供1800万套保障房；刚进入社会的"80后"人数约1亿，若其中的1/3难以依靠自身经济能力购房、租房，就有1 600多万户需要保障。1.2亿多外来务工人员就只算其中"打算在务工城镇定居"者，也有近5 000万人口之众。要解决他们的住房，需1 600多万套保障房。以上数字加起来达到5 000万套，覆盖人口将高达25%。当然，这只是理论推论，也显然高出了欧美发达国家的保障力度，作为发展中国家应该适度调低比例，以减少政府资金压力。

分配如何保持公正

大力建设保障房，其目的是解决住房困难群众的住房问题。分配公平是实现保障房资源与需求群体合理配置的必要条件。如果分配不均，不仅严重损害政府公信力，而且会造成新的社会矛盾。李克强总理认为分配是保障房的"生命线"。深圳市分别于2007年和2010年受理了两次保障性住房申请。然而，两次均出现了骗房现象，并且愈演愈烈，使得保障房分配问题成为社会关注的焦点。

事实上，深圳保障房申请实行"九查九核"制度，涉及人口户籍、计划生育、住房情况、收入情况、有价证券、存款情况、汽车保有情况、注册公司等八个方面。并且，在初审、复审、终审各轮均公示申请结果。[5] 然而在"九查九核"和三次公示之下，却仍然难除骗房顽疾，使得深圳的保障房分配饱受诟病。

以安居型商品房为例，与经适房需考核申请人家庭收入、财产等经济条件不同，安居房不与收入挂钩，申请人只需是本市无房户籍，连续缴纳社保3年以上，单身人士为35岁以上等条件，而排序先后以户籍入深或缴纳社保的最早时间为标准。这样就不可避免地出现了"李嘉诚的儿子也可以申请安居房，只要他满足基本条件"。[6] 这部分有经济条件的人申请获得安居房，一定程度也侵犯了真正需要保障房的人的利益。

虽然深圳保障房管理水平较国内其他城市较高，但与国际水平相比还有很大差距。对于保障房分配，国外普遍设置了严格的申请条件，申请人按照规定填写各种文件和证明后等待抽签结果。部分国家/地区对违规申请保障性住房者处以罚款或者监禁，甚至两者兼施。同时加强监管机制，定期对租住廉租房人群的收入状况进行普查，及时清退收入已超过保障线的住户，并配备足够数量的监管人员，例如香港虽然是一个仅有600多万人口的城市，但从事保障房监管的人员就多达8 000多人。[7] 同时也建立

【案例一】深圳某大型设计公司，作为人才安居试点企业而分配到数套 80 平方米的安居型商品房，企业内部分配中，因申请人数较少，28 岁的单身李某幸运地获得了这套住房。

【案例二】侨香村位于深圳福田区香蜜湖地区，北靠北环大道，正对地铁站，配套有室外游泳池与幼儿园。小区由 22 栋高楼构成，每栋住宅楼顶都设置了太阳能集热板。据资料显示，这个小区的太阳能热水系统是全世界最先进的，除此之外还配备了世界最大的中央水处理系统。无论从哪个角度讲，这个小区都不逊色于商品房。但与片区内单价超 3 万元，总价动辄千万元的商品房相比，这个售价在 3000~4000 元 / 平方米的保障性小区可谓奇货可居。"只有 5 年的限售期，只要过了 5 年就有着翻几番的回报。"王欣鑫语气中略显不甘。早在去年年初，他也提交了购买保障性住房的申请，但在复审阶段被刷了下来。"就因为我们是工薪阶层，所有收入都体现在两份工资里，非常吃亏。"他告诉《中国经营报》记者，许多比他收入高得多的申请者，名字依然高挂在终审名单上。

了严格的退出机制，当收入连续一段时间超过保障线时就必须购买整套租住房。而深圳市仅有 200 人负责保障房审核分配工作，与香港近万人的专职保障房人员队伍相比严重不足。同时，深圳目前的处罚力度过于宽松：若存在隐瞒或者虚报人口、户籍、收入、财产和住房等状况的弄虚作假，由主管部门取消其轮候资格，处 5 000 元罚款，3 年内不得申请保障。[8] 与巨大经济利益相比，如此轻微的处罚，难于抵挡高额利润的引诱。必须出台有威慑力的惩治措施。

对于保障房如何分配，此次 2011 年深圳"一·百·万"保障房竞赛的政策方案中鲜有涉及，即使提到也只是基于现有政策的如何加强审查、监管和处罚力度的建议，并没有从根本上认识到现有制度下保障房分配的问题及难点所在。目前保障房问题最大难点就是如何认定申请者的实际收入。城市居民"人户分离"现象普遍，居民财产收入日渐多元化、隐蔽化，传统的自律、社区公示、邻里查证咨询等审核方式有时难以发挥应有的作用。同时部门间信息共享并未真正打通，"综合审核"难于发挥合力。同时，入住后收入水平的变化、资产的增加都难于统计，无法实现动态管理[9]。必须考虑如何从法律层面对非税收入进行规制，把非税收入管理纳入到法制化轨道上来[10]。

保障房福利性争议

住房是人类生存不可替代的必需品，由于自然禀赋的不同，各国均存在低收入人群无法依靠自己的支付能力以市场化的方式来解决住房问题的现象。为实现对社会弱势群体的福利覆盖，弥补市场失灵，政府通过承担住房市场价格与居民支付能力差额的补贴，使低收入人群分享到社会经济发展成果，借以维护社会的和谐与稳定。作为一项社会福利的保障房由政府介入市场提供以弥补市场失灵，是政府的职责。但是，政府介入市场不应以极大的效率损失为代价，或者说政府介入市场的前提是可以做到帕累托改进。[11]

2011 年希腊爆发主权债务危机，将欧洲引以为豪的"高福利体制"的弊端暴露无遗。由于慷慨的福利体制和丰厚的退休金，希腊人的平均退休年龄是 53 岁，在发达国家中可谓首屈一指；每年还有多达 6 个星期的休假。自 20 世纪 80 年代以来，希腊民众为了争取高福利，用选票选举承诺高福利的政党上台；政治家们为了上台掌权，则不断提高福利水平。在这样的循环中，希腊人仅靠自己的钱已经无法维系其舒适的生活，于是就开始借钱，不断地借钱，最终国家不堪重负，引发债务危机。英国媒体指出，希腊危机标志着"福利国家的终结"。

货币主义理论的代表人物米尔顿·弗里德曼是新自由主义学派对传统社会的保障理论提出修正的典型代表。他认为，高效率来自自由市场竞争，如果给予低收入者"最低生活水平的维持制度"，会挫伤人们的劳动积极性，最终将有损自由竞争和效率。他认为："一个社会把平等放在自由之上，其结果是既得不到平等，也得不到自由。"他主张既救济贫困，又不损害竞争和效率。[12]

在欧洲，因有福利分享而不愿意就业，是很常见的现象。尤其在债务危机爆发后，这种现象变得更为普遍。在欧元区，2010 年西班牙的失业率已超

以德国为例，社会救济养活了一批人，其中虽然有不少确实丧失了工作能力，但很多人就是不愿意工作，找理由钻法律空子而成为社会长期救助对象。本来社会保障体制的初衷只是保护社会中的弱势群体，但由于德国社会的保障层次比较高，涉及领域广泛，从出生到死亡几乎无所不包，有诸如医疗康复、保健、家庭护理、教育补贴等层次较高的补助，因此已远远不止是对于弱势群体的最低生活保障。

过 20%，葡萄牙、希腊、爱尔兰的失业率分别高达 12.0%、12.4% 和 13.6%，法国的失业率也长期位于近 10% 的水平。很多失业者特别是失业的年轻人，仗着有社会福利保障，对找工作产生懈怠情绪，甚至放弃寻找，转而安心地或主动地接受失业救济，他们应有的尊严和责任感消失殆尽。

2013 年，新华网报道了国企深圳华泰企业公司的职工在享受福利房的情况下，又申请保障房，企图保障房、福利房"两头占"。而有关部门在接到举报后却表示，"政策层面的规定是明确的，但是遇到具体事实，如何套用政策，还需要时间仔细研究"。世联地产市场王海斌认为，深圳的保障房属于福利性质，只是作为奖励人才的福利分房，并非要保障低收入家庭的住房问题。这一政策性漏洞，令投机者抓住了空隙，导致保障房乱象丛生。事实上，由于深圳保障房价格仅有市场价格的约三分之一，再加上深圳市对利用虚假申报材料骗购保障房的"百万富豪"处罚太轻，导致深圳市出现大量企图通过保障房上市交易投机牟利的骗购者。

面对如此多的福利弊端，我们在强化监管力度的同时，更应该考虑如何将单向的物质赠予转变为对低收入者自身经济生存能力的培养提升，即由"鱼"至"渔"，确保低收入群体获得一种可持续的福利。

4
保障房为什么还是城市基础设施

保障房是关系到城市正常运作的基础设施

所谓城市基础设施，就是指城市中各类设施的总称。按其服务性质分为生产基础设施、社会基础设施和制度保障机构。常见的设施包括道路、市政、园林绿化、公共服务设施等。之所以称为基础设施，是因为这些设施是城市正常运行不可或缺的。

"住房不仅仅是遮风避雨的物质空间，它决定了城市居民的生活环境和社会交往空间，为社会民众获得各种城市资源、积累人力资本、融入城市主流社会提供机会。"这是世界银行对住房的定义，从中不难看出，住房作为人的基本权益也是造成人群差异的一个主要原因。保障房，作为提供给弱势群体的庇护场所，同时也将保障弱势群体的居住人权，注定它也享有与教育、交通运输、医疗卫生、文化设施、市政环卫同样的地位，是日常生活和经济领域中不可或缺的组成部分，而且不可能完全不通过国家干预而实现。保障房已成为现今社会住房体系中不可缺少的一部分，这一造福大众的城市工程奠定了其作为重要的基础设施在城市人口中的地位。

保障房是被城市规划遗漏的城市基础设施

既然保障房是城市基础设施，那就应以保障城市正常运营为目标，只要使用需求存在就应该被满足，或者换句话说，其应该在城市中均衡布置。然而现实却是截然相反的。由于保障房并没有被认为是一种城市基础设施，所以在城市建设的初期未与其他市政设置同步建设，也没有预留对应的空间位置。所以，即便目前已经意识到了保障房对于城市发展的重要性，但由于空间位置的限制，也只能是"就地不就需"，保障房往往被安排在一些还未发展的边缘地区。总的看来，我们也只能面对这种被遗忘的尴尬现状。

职住相随：保障房基础设施的布局原则

中国大城市保障性住房的空间格局普遍存在三大特征：一是空间选址偏僻；二是大规模集中建设；三是配套设施不完善。这种空间布局上的不合理在一定程度上会造成人口的"职住分离"，进一步引发恶性交通堵塞、环境污染、管理混乱等问题。同时，保障性住房对象的特殊性还会引起低收入群体的空间集聚和居住空间的分异，最终导致这一阶层在空间上和心理上与其他阶层的隔离，以及社会地位的边缘化。[13]

居住、工作、游憩与交通等功能区的明确区划，特别是住宅与工作的分离是现代主义城市规划针对工业区居住环境恶化所做的极端改变，按这一原则规划的城市却造成极端的交通问题。目前看来，这种绝对的功能分区，也带来严重的城市问题。为此，我们认为保障房应从强调数据覆盖变为更加注重宜居程度，比如交通更加便利、配套更加完善等。因为，"职住平衡"既能避免卧城的出现从而保持社区活力，同时也将减少保障房人群长距离通勤带来的交通压力。

1. 覃朗，舒婷. 浅观社会形态影响下的城市空间分隔 [J]. 四川建筑科学研究，2013，39 (6)：327-331.

2. 穆晓燕，王扬. 大城市社会空间演化中的同质聚居与社区重构——对北京三个巨型社区的实证研究 [J]. 人文地理，2013（5）：24-30.

3. 深圳实际人口超 1500 万 人均住房面积 40 平方米 [EB/OL]. （2011-12-21）[2015-08-15]. http://www.xcar.com.cn/bbs/viewthread.php?tid=16553371.

4. 蔡穗声. 现阶段中国是否需要产权型保障房 [J]. 中国房地产，2012(3)：10-12.

5. 赵瑞希. 深圳保障房分配屡受质疑　分配制度不断完善 [EB/OL]. （2011-05-30）[2015-08-15]. https://m.fang.com/news/cd/05_5130229. html?sf_source=baidumip

6. 深圳：保障房应分配给"最需要的人"[EB/OL]. （2013-5-30）[2015-08-15]. http://gz.focus.cn/news/2013-05-30/3376422.html.

7. 出自：国内外保障房建设和管理的经验与启示 [EB/OL]. （2013-9-2）[2015-08-15]. http://www.bdajb.gov.cn/chnews/user/view.asp?news_id=502

8. 深圳市第五届人民代表大会常务委员会. 深圳市保障性住房条例 [N]. 深圳特区报，2010-06-28（A06）.

9. 杜宇. 保障房如何实现阳光分配?[N]. 新华每日电讯，2012-05-08.

10. 孙结才. 关于非税收入管理法制化的思考 [J]. 重庆三峡学院学报，2010，26(5)：98-101.

11. 帕累托改进（Pareto Improvement），也称为帕累托改善或帕累托优化，是以意大利经济学家帕累托（Vilfredo Pareto）命名的，并基于帕累托最优变化，在没有使任何人境况变坏的前提下，使得至少一个人变得更好。一方面，帕累托最优是指没有进行帕累托改进余地的状态；另一方面，帕累托改进是达到帕累托最优的路径和方法。帕累托最优是公平与效率的"理想王国"。

12. Forestgelu. 关于欧洲高福利制度的弊端 [R/OL]. （2012-09-15）[2015-08-15]. http://blog.sina.com.cn/s/blog_726d06f601019qed.html

13. 朱丽霞，张开彬，崔芹强，等. 基于职住平衡视角的武汉市保障性住房空间布局研究 [J]. 城市，2014（5）：48-53.

三

用户需求：居住保障谁是主角

设计思维的核心是用户需求意识和体会用户需求的方法，这与国内很多迫不及待投入房屋形态构想的设计生产模式之间有着巨大的分野。用户主体角色的模糊甚至缺席，是当下保障房领域诸多问题的总根源。清晰界定保障房用户主体及其他相关主体在设计中的角色分工，是保障房设计思维的核心哲学。

1
用户界定及其需求：他们是谁

保障房用户到底是谁？他们应该由哪些具有清晰面目的鲜活个体组成？他们的人数、性格、生活习惯是怎样的，对房屋和环境的需求如何？这是保障房也是任何产品 / 公共政策在研究、规划、设计开始之前不能不搞清楚的。因此我们在策划 2011 年保障房设计竞赛时，必须亲自进行潜在用户的调查。

在以往的保障房话语系统里，通常不说"保障房用户"，而是说"保障对象"或"人群"。保障房用户和保障对象之间的语义差别需要仔细辨认：一个是物品使用之主体，对物品效用具有主体权利；一个是物品供给之客体，是物品施与的被动接受者。主客之别，决定了保障房的成败。套用市场经济的通俗说法，保障房作为一种产品，如果不以用户为"上帝" / 主体的话，用户也必定会抛弃产品本身，哪怕这产品是免费的嗟来之食。根据各省市的审计数据，保障房空置情况在湖北、重庆、河南等地亦不同程度存在，普遍空置率在 20% 左右，个别地方空置率一度超过 50%，[1] 充分说明了保障房主体不清、用户不明带来的问题。

政府为中低收入人群提供的住房称为保障性住房，相应地这一人群被称为住房保障对象。这种标签化，尤其是通过住房、地域空间的分类来区分人群与身份，是否会形成歧视和其他负面作用，在中国还需要更多观察和社会调研。但至少，对这一人群主体的认识和尊重，不仅应从社会道义和政府责任角度，还需要从社会、城市、文化等生态系统的角度考虑。就是说，占城市总人口 70% 的中低收入人群，不能被简单看作需要政府与社会保障照顾的特殊群体，而是要被看作社会健康生态、城市正常机能与多元文化必不可少的组成。解决这一人群的居住需求，就是解决城市本身的问题。

住房和城乡建设部在《加快发展公共租赁住房的重要意义》中提到了几种保障群体：中等偏下、新职工和外来务工人员。"由于有的地区住房保障政策覆盖范围比较小，部分大中城市商品住房价格较高、上涨过快、可供出租的小户型住房供应不足等原因，一些中等偏下收入住房困难家庭无力通过市场租赁或购买住房的问题比较突出。同时，随着城镇化快速推进，新职工的阶段性住房支付能力不足问题日益显现，外来务工人员居住条件也亟需改善。"[2]

2014 年出台的《住房城乡建设部关于并轨后公共租赁住房有关运行管理工作的意见》又重新明确了这一点：并轨后公共租赁住房的保障对象，包括原廉租住房保障对象和原公共租赁住房保障对象，即符合规定条件的城镇低收入住房困难家庭、中等偏下收入住房困难家庭，及符合规定条件的新就业无房职工、稳定就业的外来务工人员。[3]

新职工——那些刚毕业的年轻人

在全球范围内无论哪个地方，刚毕业的年轻人都是住房市场上最为窘迫的一个群体。在中国的大城市，他们被称为"蚁族"，蜗居在城市边缘地带，或者选择在市中心"群租"，或者住在父母家"啃老"。高房价让最应该自由追求梦想的年轻人甫一毕业便陷入住房的绑架。在中国台湾，年轻人也屡次发起"无壳蜗牛联盟"争取居住正义。[4] 在纽约也同样如此，"贫穷而年轻"的"纽漂"，工资根本不堪支付高昂的生活成本。从他们离开课堂，来到真实世界的那一刻起，这些年轻人的人生计划就一拖再

拖，无法踏着哪怕十分稚嫩的步伐，向拥有房产的成熟阶段迈进。[5]

在获得本次竞赛"政策"提案奖佳作奖的关于青年人才保障房的 163 方案[6] 中，参加竞赛的白鹏、刘志丹、黄斌、邓宇四人都是大学在校生或刚刚走

有关青年人才保障房研究的 163 方案附表之一：社会新人类（即将毕业大学生）未来住房需求问卷

1、您的性别
A. 男 B. 女

2、您的年级
A. 大三 B. 大四 C. 大五 D. 研究生 E. 已毕业 1-3 年

3、您的专业
A. 文科及艺术类，包括文、经济、管理、师范、传播等学院的专业
B. 理工科类，包括建筑、土木、物理、化学、数学、计算机、软件、通讯、机械、医学等学院的专业

4、生源情况
A. 家不在深圳 B. 家在深圳

5、毕业后选择怎样的居住方式？
A. 在深圳租房 B. 靠家里在深圳买房住 C. 回深圳家里住
D. 去外地发展或者回老家

6、毕业后可接受的月薪是多少？（注意：是可接受不是期望）
A. 不低于 2000　B. 不低于 3000　C. 不低于 4000

D. 不低于 5000　E. 不低于 6000

7、若毕业后租房，您个人可承受的房租（纯房租）是多少？（按照 ¥ / 月计算）
A. 500 以内　B. 500-1000　C.1001-1500　D.1501-2000
E.2001-2500　F.2501-3000

8、毕业后，一次性可以承受的租房初期成本（包括负担押金、家具购置等）为多少？
A.500 以内　B. 501-1000　C.1001-1500　D.1501-2000
E.2001-2500　F.2501-3000　G.3001-4000　H.4001-6000
I.6000 以上

9、基于您可承受的租金，您比较倾向于哪里的住房？
A. 学校附近 B. 城中村 C. 地铁周边 D. 靠近公交 E. 靠近工作
F. 价钱便宜 G. 其他

10、您知道深圳相关的保障房政策、制度、申请么？
A. 知道 B. 不知道 C. 听过，正面新闻居多 D. 听过，负面新闻居多

11、如果要让每个新进入社会的大学生都知道保障房申请制度，最好的宣传途径是？
A. 利用政府网站

B. 利用社会新闻类网站

C. 学校里的就业指导中心就开始宣传

D. 各企业对新人进行入职培训就开始

E. 街道办、社区工作站

F. 其他请注明…

12、即将毕业或刚毕业的这个阶段，您更倾向于哪种保障房制度？

A. 货币补贴 B. 提供房屋租住 C. 优惠购买小户型保障房

D. 其他请注明…

13、如果在深圳工作、毕业 3 年内的所有大学生都住房补贴，您认为多少钱合理？（¥/月）

A. 100　B.200　C.300 D.400 E.500 F.600 G.700

H.800 I.900 J.1000 K.1100 L.1200　M. 其他请注明…

14、如果只对部分收入低的初入社会大学生群体进行住房补贴，您认为？¥/月合理

A. 100 B.200 C.300 D.400 E.500 F.600 G.700

H.800 I.900 J.1000 K. 其他请注明…

15、如果能申请租住保障房，您认为哪些同学优先具有申请资格？

A. 家在外地的同学

B. 家庭环境不好，需要自己偿还助学贷款的同学

C. 收入低于一定水平的同学，例如月薪低于 2 千

D. 其他请注明…

E. 没有优先权，工作年限较短、收入低的同学都有资格

16、如果租住政府的保障房，您可以忍受的保障房房源有哪些？

A. 城中村的房子

B. 稍旧的房子，20 年以上房龄

C. 远离地铁，但是周边有公交

D. 工业厂房等改造的房子（前提当然结构质量没有问题）

E. 其他 请注明…

17、如果租住政府提供的保障房，您可以接受的居住形式？

A. 套房合租，有个人的单间　B. 合租，无个人的单间

C. 套房单租　D. 都可以

18、如果租住政府提供保障房，您可以接受的人均最小住房面积是？

A. 6-10 平方米　B. 11-20 平方米　C.21-30 平方米

D. 其他请注明…

19、由于保障房的数量有限，您认为应该建立怎样的毕业大学生保障房的退出机制？

A. 毕业超过一定年限，如 2 年的，强制搬出

B. 收入超过一定水平，如月薪达到 5000 元的，强制搬出

C. 离开深圳超过一定的时间

D. 其他请注明…

出校门的大学生，有实际的切身体会。本次参加竞赛研究的对象也都是即将或者刚刚走出校门的青年，有同样的诉求，设计师和他们有着沟通便利性。因此，这一实际上也是大学生真正对自己的需求展开的研究。该调查研究显示，"新人类"有近七成选择房租在500~1 500元的，而在此条件下，有七成选择在靠近工作地点的地方租房，同时有超过半数可以接受"套房合租，但有个人单间"。

这一方案主要研究方法为问卷调查。通过问卷调查，了解调查对象（145名即将或刚刚走出校门的青年人群）的实际住房需求，进而通过定量分析、交叉分析等方法，去细化分析他们最真实的住房诉求、不同年龄青年的细分住房需求，进而归纳其住房选择、住房成本、通勤、住房补贴等相关住房需求，给出保障房制度建设的政策建议。因此这一方案的可行性体现在"有实际样本支持"，"通过数据反映青年人才的真实需求"以及"通过最真实需求归纳出相应的政策建议"（表1）。

因此，政府在制定面向年轻人的保障房政策时，首先要考虑这个群体的需求，将保障房尽可能地选址在市中心等通勤目的地或交通便利的地方；同时应该考虑货币补贴和房屋补贴相结合的方式，减轻年轻人在市场上的租房压力。

城市中低收入人群——有资格也买不起

在中国的住房体系里，保障房首先是一个和收入挂钩的概念，不同收入的群体有相应的保障措施。何为"贫穷"，在各地有不同的标准线。住房保障的对象常常以最低收入、低收入、中低收入来划分，

但是，除了最低收入是一个明确的标准，在统计部门也有一个准确的户数外，低收入和中低收入的界定都非常模糊，户数更难以定量，因而相应的保障房建设任务和申报条件难以精确匹配。虽然保障房的定价制度会考虑建设成本、保障对象的经济承受能力，但实际上价格仍然高出保障人群的收入，因此出现"有资格的买不起，买得起的没资格"的错位状况（表2、表3）。

以深圳为例，根据统计局、民政局、住房和建设局的统计数据和相关政策，最低收入居民是指家庭人均月收入低于认定标准，而可以从政府领取最低生活保障（俗称"低保"）的户籍居民。自2015年1月1日起，深圳市最低生活保障标准调整为每人每月800元。[7]但对于低收入和中低收入，统计部门则没有具体的政府标准。

仍然以深圳为例，对于"中低收入"虽然没有明确的划分，但是在申请租赁或购买保障房资格审查时有两个相关条款：第一，家庭人均年收入或者单身居民年收入在申请受理日之前，连续两年均不超过本市规定的租赁（购买）保障性住房的收入线标准；第二，家庭财产总额或者单身居民个人财产总额不超过本市规定的租赁（购买）保障性住房的财产限额（《深圳市保障性住房条例》，2011年7月13日）。其中又规定：收入线标准、财产限额、住房保障面积标准和货币补贴标准，由市主管部门会同人居环境、财政、民政、人力资源和社会保障、统计等相关部门，每年根据本市居民收入水平、家庭财产状况、住房状况以及政府财政承受能力、住房市场发展状况等因素划定。

美国保障房的定义也是从收入角度定义，即"可

表 1　《社会"新人类"未来住房需求问卷》结果分析

居住需求	选项	相应数据	选项	相应数据
毕业后选择的居住方式	家在深圳、住在家里	55.26%	家不在深圳、租房	77.57%
可承受的房租	500~1000 元	37.24%	1000~1500 元	31.72%
地点	靠近工作地点	71.03%	地铁周边	40%
保障房制度	货币补贴	37.93%	提供房屋租住	35.17%
可忍受的房屋状况	稍旧的房子，20 年以上的房龄	64.83%	远离地铁，但公交方便	60.69%

　　家在深圳的毕业生中有 55.26% 选择住在家里，而没有住家里的则是 44.74%。同理，家不在深圳的毕业生中有 77.57% 租房。

表 2　保障房与收入的关系

住房类型		面向人群	保障形式	建设主体	标准	政策出处
总定义	保障性住房	住房困难家庭或单身居民	出租、出售或货币补贴	政府	限定标准和价格	《深圳市保障性住房条例》
1	廉租住房	最低收入家庭、低收入家庭	出租	政府	人均 15 平方米，每户 40 平方米	《廉租住房保障办法》等
2	经济适用住房	低收入，与廉租住房保障对象相衔接。	出售（有限产权）	政府	限定套型面积和销售价格	《经济适用住房管理办法》
3	公共租赁住房	中等偏下收入住房困难家庭、新就业无房职工和在城镇稳定就业的外来务工人员	出租	政府	限定建设标准和租金水平	《公共租赁住房管理办法》等

注：自 2013 年 12 月起，公共租赁住房和廉租住房并轨运行。

表 3　保障对象的收入标准（以深圳为例）

保障房类型	保障群体的收入标准		备注
廉租住房	最低收入	家庭人均月收入低于认定标准	以民政部门公布，2015 年 1 月起城市居民最低生活保障标准为 800 元
经济适用住房	中低收入	家庭收入符合市政府划定的收入线标准	—
公共租赁住房	无限定收入标准	—	—

承担"（affordable）。以华盛顿州为例（内容来自华盛顿州劳工委员会）[8]，经济适用房是指用于居住此房屋的款项（租住或购买）对中低收入家庭是"可承担的"。一个普遍认可的基准是家庭用于居住的月支出不超过其收入的30%，居住支出包括每月所还房屋贷款额度、税款、保险以及设施支出，当居住月支出超出家庭收入的30%~35%时，对这个家庭来说所住房屋将被定性为"不可承担"。

外来务工者——落脚城市里的移民

外来人口经常被排除在外。2014年6月30日，北京市法制办公布《北京市城镇基本住房保障条例（草案）》（下称《条例》），征求社会意见。其中规定，配租型和配售型保障房的准入条件均为北京市户籍的家庭和个人，这将外来务工者排除在外。[9]外来务工者自身也常常未把城市当作自己的归宿，而仅仅是打工、攒钱的地方，将来回老家盖房子。他们在城市里只能落脚于城中村或城市的边缘地带，或者是工厂宿舍，或者是10平方米左右的"单房"，或者是某个地方的地下室等。城市需要外来务工者建设城市，但政府的住房保障政策又往往设置了户口障碍，限制了他们的城市梦想，他们也较难融入真正的城市生活。

2014年自杀身亡的24岁的富士康工人、诗人许立志有一首诗描述了出租屋的住宿环境带来的心理压力："每当我打开窗户或者柴门 / 我都像一位死者 / 把棺材盖，缓缓推开。"[10]

《落脚城市》一书也描述了这样的状况。道格·桑德斯在书里指出，从乡村到城市，全球三分之一的人口正在进行最后的大迁移。这些落脚于城市的乡

《落脚城市》：道格·桑德斯（Doug Saunders）著，陈信宏译。其中有这样一则案例：

中国深圳，姜淑芳和她的男友分别从广西和湖南来到深圳的电子厂打工，他们宁可住在不同的宿舍，也不敢去找公寓同居。"因为我们如果住公寓，就绝对存不了钱。"这样她就会毁掉自己经由储蓄而在城市里立足发展的机会，更不可能到其他城市买房子共同生活。

村移民，想象着城市的美好，但往往居住在城市边缘。这个时代的历史，其实有一大部分是由漂泊的无根之人造就而成的。这些外来务工人员为了将不多的工资转为积蓄，普遍将消费压至最低，享受企业提供的免费住宿待遇的仅占40.6%，由单位提供宿舍、个人支付租金的占28.5%。他们生活条件差，身体健康受到直接影响。[11]

在我们的竞赛和展览案例中，也有不少人把目光聚焦于这些群体，关注他们的生存状况和住房需求。在"广厦千万·居者之城"展览作品《居民：深圳百面》这一个项目[12]中，摄影师白小刺用纪实摄影的方法在地图上描绘了各种居住形态的分布情况，试图用统计学意义上的样本——100张照片，来反映深圳1800万人口的居住现状，同时指出保障房在当下的尴尬境地。深圳有50%的人住在城中村，20%的人住在工厂宿舍，25%的人住在商品房，5%

的人住在保障房，白小刺用照片来诠释这四个百分比数字背后的地理意义和生活细节（图1、图2）。

在竞赛案例"AO"设计奖佳作奖的147方案[13]中，这个参赛团队调研了应届毕业生、出租车司机、绿化工人等不同职业和年龄段的人群，家庭月收入在5 000元左右。他们在深圳的居住空间大多是10~20平方米的简易处所，或是城中村，或是临时板房等。他们对未来的打算大多是"不考虑在深圳的住房计划"，而是"回老家买房或建房"（表4）。

在竞赛案例"综合设计"奖佳作奖199方案[14]中，这一团队调查了广州的泰宁村——这一村子被繁华社区包围，却像是城市的弃儿。原住民都已外迁，居住在这里的是外来务工人员、附近学生等。他们的需求没有奢望，而是非常简单，一张床，有洗漱的地方，最多有做饭的地方——"生活嘛，将就就行"，这就是在城市中处于最基本生活线的人群的居住需求（图3）。

综合以上案例可以发现，外来务工人员对住房的需求降低到了最低的水准。但是这与他们对城市做的贡献是远远不匹配的。因此住房保障政策须将这一群体考虑在内，这样才能让他们共享经济发展的成果。

庞大的"夹心层"——如何发挥他们的社会生产力

除了政府在政策中指明要保障的以上三种人群之外，还有一个尴尬的"夹心层"。飞速上涨的房价使得一些脱离了贫困的人群（家庭）貌似跨进"中等收入"的行列，既买不起商品房，又失去了政策规定的保障房申请资格，导致越努力反而离居住梦想越远的窘境。如何让他们在生活和工作中住得更有尊严，并且能让这个庞大的社会中坚群体产生出应有的社会生产力，也是一个好课题。

在"一户·百姓·万人家"保障房创新设计竞赛中，"百姓"策略奖佳作奖——林达等设计的041方案[15]对深圳的各收入阶层作了较为详细的区分，对买得起商品房的人口比例进行了剖析。在林达团队看来，精英阶层和高收入阶层可以通过商品房去解决住房需求，而中产阶层和部分高收入阶层可以通过"90/70"计划（即2006年起中央调控政策要求新建住房90平方米以下的要占70%）来解决。但实际上，该政策在执行中有相当大的变形，许多户型都被开发商做成了双拼户型来出售（即两套相邻的90平方米以下

图3　广州泰宁村及居住者

图 1　选自陈佩君、白小刺系列作品《我住在这里》

图 2　选自闫智慧、白小刺系列作品《我住在这里》

表 4　保障需求抽样调查案例

调研资料		梁李英	田保国	方嘉	雷海荣	俞乐
基本情况	姓名					
	年龄	39	34	26	28	25
	职业	钟点工	出租车司机	公益组织成员	保安	证券从业人员
1. 户籍所在及来深年数		广东河源 /12~13 年	河南焦作 /2 年多	上海 / 23 年	江西樟树市 /2 年	广西 / 不到一年
2. 家庭人口数及各自职业		5 口 / 丈夫装修工，女儿18岁职高幼师，儿子 6 岁	一共 5 口 / 全都在老家 / 妻子务农，一儿一女，还没上学	3 口 / 父母教师	5 人 / 农民	3 口 / 父亲教师，母亲医生
3. 家庭每月收入		妻子 2300 元 / 月，丈夫 3300 元 / 月	月均 5000 元	2 万元	3500 元	8000 元
4. 家庭每月支出构成及排序		老人医疗 / 小孩教育 / 日常开支	吃住花费 2000 左右 / 其余寄回老家	饮食 / 观演 / 旅游	餐饮 1100 元 / 公车 120 元 / 房租 780 元 / 其他 500 元	房租支出 / 食物支出 / 其他支出
5. 在深住所及面积		清水河玉龙村 48m²	景田城中村，15m²	南山蛇口，120m²	沙尾西村，10m²	福田区景田路，85m²
6. 住所性质及产权形式（租赁 / 购买）		小产权房，05 年购买，9 万	商品房，租赁	与父母同住，购买	商品房，与同事合租	租赁
7. 出行方式及工作出行时间		公共交通，工作出行时间不固定	一天到晚都在出租车上	地铁 / 公交 / 开车，2 个小时	坐公交 / 骑单车，半个小时	公交车，30 分钟左右
8. 公共配套设施需求		学校 / 医院	没有过多留意	缺乏文化艺术设施 / 缺少公园绿地	不满意 / 条件差 / 很乱 / 垃圾很多	比较满意 / 生活设施较齐全
9. 未来的计划及住房需求		如果在深圳没办法生活下去，就会回老家，老家有块地	再做两年回老家，在这工作太累，没有在深住房的计划	计划买房	计划：学点技术，住房需求：能住上一家人就可以了	在深圳继续工作，争取 5 年买房
10. 其他建议		无	无	保障房的问题不在于保障房	不要徇私舞弊	无

续表

调研资料		蒋求松	杨建伟	王晓洁	常迎	蒋柳珍
基本情况	姓名					
	年龄	22	27	27	26	45
	职业	应届毕业生	建筑师	设计师	建筑师	绿化工人
1. 户籍所在及来深年数		湖南 /4 个月	深圳 /4 年	深圳南山 /4 年	深圳 /18 年	湖南永州 /10 年
2. 家庭人口数及各自职业		四口人 /爸妈在家 /姐是做财务的	单身 / 女友学生	三口 / 老婆财务	小家庭单身	4 口 / 女儿长沙上大学，儿子和丈夫深圳工作
3. 家庭每月收入		不清楚（没具体问过）	4500 元	约 10 000 元	8000 元	5000 元左右
4. 家庭每月支出构成及排序		日常生活开支	租房 / 吃饭 / 娱乐	房租 1500/ 小孩抚养费 1200/ 生活费 2000/ 寄回家 1500	房租 / 生活 / 购物	吃饭 700 元 / 女儿上学费用 2000 元 /存钱
5. 在深住所及面积		福田沙嘴，20 多 m²	新洲蜜园，单间 /20m²	南山桂庙，30m²	岗厦，36m²	莲花山花卉中心，约 10m²
6. 住所性质及产权形式（租赁 / 购买）		城中村 / 租赁 /3 个月	商品房小区 / 租赁 /3 个月	城中村 / 租赁 /1 年	公寓 / 租赁 /2 年	临时板房 / 公司提供 /10 年
7. 出行方式及工作出行时间		公交车 /20~30 分钟	公交、步行、地铁 /20 分钟	公交车、地铁 /1 个小时	公交、地铁 /20 分钟	骑自行车 /30 分钟
8. 公共配套设施需求		超市	超市 / 理发店	生活设施较方便 /生活环境差	生活方便但环境脏乱	还可以
9. 未来的计划及住房需求		有自己的房子，房子至少是 2 室一厅	看状况，回家乡或者留深圳；住房要求不高，精致有序，满足基本需求	养家糊口、继续在深圳工作几年再看	计划购房，70~90 m²住房	在老家盖了两层半的房子，在深没有住房考虑
10. 其他建议		无	无	无	建议建立稳定的政府公租屋，让单身年轻人在工作初期有余力为自己的梦想奋斗	无

"AO" 设计奖佳作奖 147 方案

　　本设计综合考虑了现今保障房存在的各类问题以及相应的可行的解决方案，选取蜂巢的六边形结构作为单体，试图通过结构上的紧密堆叠和空间利用率上的突破来实现土地利用率、资源利用率和空间利用率以及经济性的最大化，同时结合南方建筑的特点保证其建筑功能的最优化，以达到建筑与环境以及气候的高度融合。

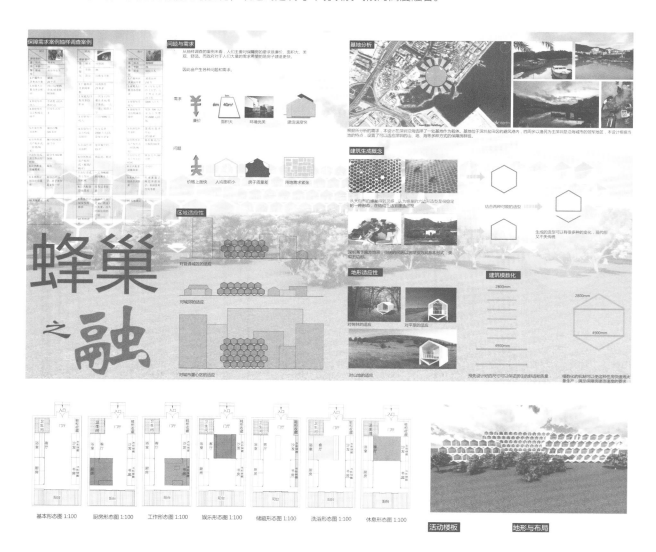

"综合设计"奖佳作奖 199 方案：平台式集装箱保障房设计方案

人口过剩和不断迁移成为了现代人生活的标志，而自然灾害的侵袭又让多少人无家可归。传统的住房概念已经不合时宜，这也激发了人们对自我居住空间的全新思考。用回收的集装箱组建新屋，就是其中一种新的思路。搭建简单，灵活多变，相对传统的住房能提供给住家更多的选择，个人、家庭、群体，甚至是一个社区都能各取所需，一个钢铁盒子做成的房子也能充满活力，可以更好地去结合周围的环境。

本方案的策略是对大型基础设施建设留下的剩余空间的再利用。在原有基建的基础上，充分利用剩余空间、废弃地和规范上不允许使用的土地进行住宅设计。挑选一段 1 公里的桥段进行设计，并利用场地周边的港口物流淘汰的集装箱作为建筑单元。为当地人提供相关的公共设施，包括：社区医院、公交车站、邮局、幼儿园、小学、停车场、老年活动所、超市、社区警卫室等，辐射周围的城中村，为其提供基础设施。设置绿道，连接生活区和梧桐山，为此地生活的人群提供放松方式。

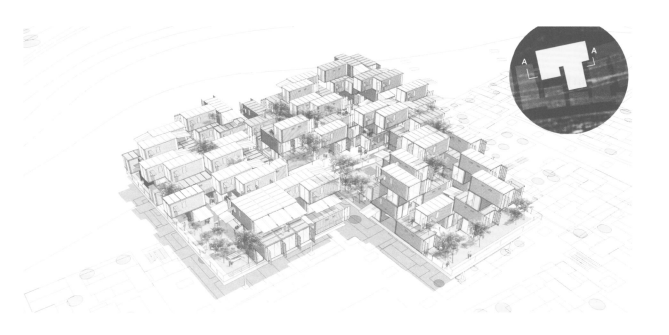

"百姓"策略奖佳作奖 041 方案：SCV 社会创意村落

　　土楼是客家民居独有的建筑形式。它是用集合住宅的方式，将居住、贮藏、商店、集市、祭祀、公共娱乐等功能集中于一个建筑体量，具有巨大凝聚力。将土楼作为当前解决低收入住宅问题的方法，不只是形式上的承袭。土楼和现代宿舍建筑类似，但又具有现代走廊式宿舍所缺少的亲和力，有助于保持低收入社区中的邻里感。将"新土楼"植入当代城市的典型地段，与城市空地、绿地、立交桥、高速公路、社区等典型地段拼贴。这些试验都是在探讨如何用土楼这种建筑类型去消化城市高速发展过程中遗留下来的不便使用的闲置土地。由于获得这些土地的成本极低，从而使低收入住宅的开发成为可能。土楼外部的封闭性可将周边恶劣的环境予以屏蔽，内部的向心性同时又创造出温馨的小社会。将传统客家土楼的居住文化与低收入住宅结合在一起，更标志着低收入人群的居住状况开始进入大众的视野。

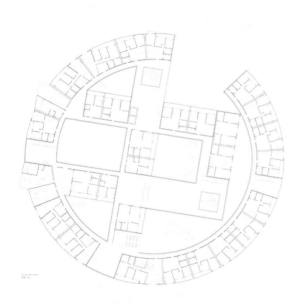

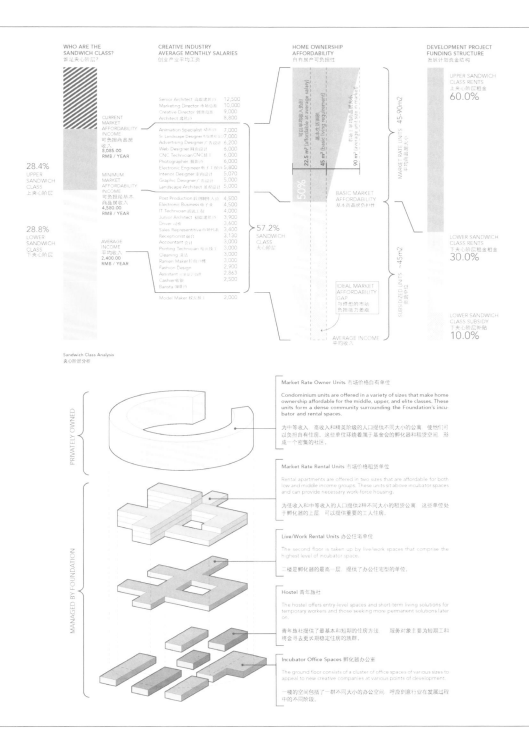

Sandwich Class Analysis
夹心阶层分析

的单元组成一个大户型），这样导致市场上可买的小户型仍然很少，总价高仍然让许多中等收入人群难以买到住房。

这一参赛团队把目光聚焦于"夹心层"中的一个特殊而又庞大的群体——创意类产业人士。这一方案则精心演算了城市夹心阶层/创意类产业人士的居住和工作需求，因而设计了集居住和办公空间、孵化器于一体的200户左右的社区。该方案详细分析了夹心层可负担的租金水平，并考虑了综合需求。其建筑概念是——将公寓、市场租赁单位、孵化器办公室、青年旅社等混合建设在一起的一种"社会创意村落"。

在这一个方案里，参赛者详细调查和分析了"谁是夹心层"，以及"上夹心层"和"下夹心层"群体的收入状况和住房需求，并对这一产业的各种职位的收入、住房消费负担状况作了详尽的分析。

综上所述，无论是对于政府保障体系里的新职工、中低收入人群、外来务工者，还是对于保障体系之外的"夹心层"，了解这一群体的数量，调查分析其需求，然后再设计出适合相应群体的社区和户型，才是真正的住房保障。

2
保障房问题根源：用户缺位

保障房诸政策、研究和话题中，最容易忽略的是用户，也就是保障房入住人群本身。在整个保障房供应链条中，政府最先出现——国务院下达建设任务，各省市层层分解承担——保障房成为地方政府对上级政府负责而必须完成的一种房屋生产任务或者说政治指标。

而在地方政府的执行过程中，发改委、财政委负责安排项目和资金，规划部门负责选址，建设部门负责选择发展商承包建设工作，然后建筑设计单位负责设计，施工单位负责施工，最后再由政府统一安排分配。而保障房的用户最后出现，他们拿到的是已经成型的房子。在这一机制和过程中，保障房很容易畸变成为完成任务而建，为政府绩效而建，而"用户"常常只剩下一个抽象名词和模糊群体（图4）。

规划选址追随供地难易而非需求

目前保障房不符合需求是最为诟病的一点，即保障房选址以位置较为偏远的大楼盘为主，公共交通不便，即使有公共交通配套，通勤时间也常在1个小时甚至更久以上，这对于需要在市内谋求就业的保障房用户来说，是非常不匹配的。而规划部门选址的考虑要素则主要是供地的难易程度，郊区大盘可以一次性完成更多的保障房建设任务。

以深圳的几个保障房楼盘为例（表5）：这几个保障房项目选址都在轨道交通附近，但大多数距离市中心仍然需要超过1个小时的通勤时间。如位于深圳北站附

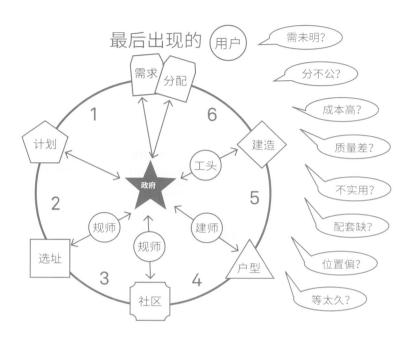

图 4　保障房用户缺位

表 5　2011—2014 年的部分深圳保障房供应项目选址（距离与通勤时间数据来自百度地图）

保障房项目名称	选址	距离福田 CBD 大致距离	公交通勤时间
富通永福苑	宝安区福永镇宝安大道与下十围路交界处	32 公里	100 分钟
中海阅景馨园	龙岗区布澜路	19 公里	70 分钟
卓越西乡安居家园	宝安区西乡街道航城大道 158 号	27 公里	70 分钟
深康村	侨城东路与友邻路交汇处	9 公里	40 分钟
龙海家园	南山区月亮湾大道与桃园路交汇处西侧	20 公里	90 分钟
龙悦居	龙华新区龙华街道玉龙路与白龙路交汇处	10 公里	40 分钟

近的龙悦居，项目总建筑面积超过 60 万平方米，住户超过 1 万户，是典型的保障房大盘。该项目距离地铁站约 1 公里，距离公交枢纽梅林关约 3 公里，距离相近的城市中心福田商务区约 10 公里。龙悦居的配套非常不完善，使居民居住不够方便。后来有巴士集团开了高峰专线才缓解了上班族高峰期出行的问题（图 5）。

在我们的竞赛方案里，一些优秀的方案就充分考虑了低收入用户出于"上班方便"考虑的区位需求。如 "AO"设计奖金奖 063 方案：人居日报（深圳，

图 5　龙悦居至福田保税区开通定制公交线路

"AO"设计奖金奖 063 方案：人居日报

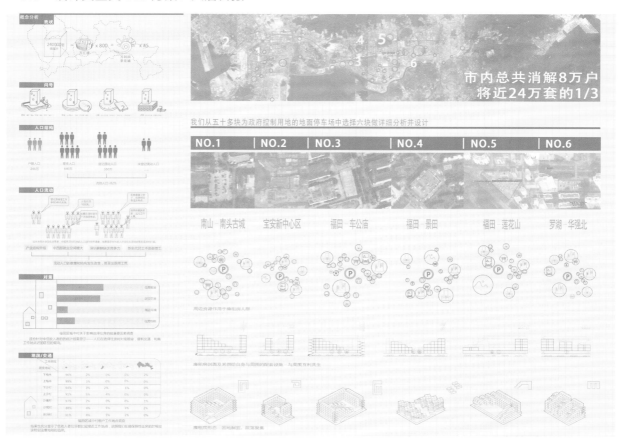

李颖等），[16] 参赛者对福田区城中村的中低收入者的调查显示，"区位交通"要素是仅次于"住房租金"的第二大考虑要素，他们的居住地址都比较接近工作地址。对用户需求的事先调查或纳入选址的考虑因素，对于建设保障房来说显然是必不可少的，但是在实际的过程中却被忽视了。

设计追随市场楼盘模式，未能和目标用户需求匹配

保障房不仅规划选址未考虑未来用户，户型设计也与政府指定的目标人群不符。小户型的保障房设计常常是缩小版的商品房，既不能和家庭的人口结构相符，也未能达到舒适的居住需求，所以造成分配到保障房的用户无法使用辛苦盼到的房子这一尴尬结局。

近年深圳的一个保障房项目——松坪村三期（表6、图6），在验房现场有的住户发现户型小而不合理，次卧长度只有 1.9 米，只能放 1.8 米的床，而他的儿子身高已有 1.86 米。[17] 有业主抱怨使用率太低，深圳市住建局相关负责人表示，目前国家有关法规和政策只对保障性住房的建筑面积做出了明确规定，而对使用面积、使用率等并没有提出要求。[18] 通过实际测量，住建局相关负责人称目前国家人均住房保障面积标准为 10 平方米，广东省为 12 平方米，松坪村三期 48~60 平方米建筑面积的经适房，已经高于现在国家及省的标准。[19] 而用户的反映是，"既不经济也不适用"。由此可见，国家和省市的保障房标准不够细致，

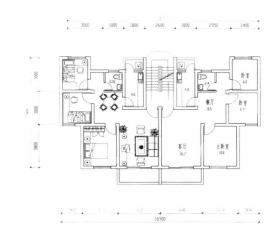

图 6 松坪村三期户型图（图片来源：武汉市建筑设计院）

表 6 松坪村三期面积测算结果

户型	建筑面积	套内面积	分摊面积	使用率
乙户型	58.83 平方米	44.18 平方米	14.65 平方米	75%
丁户型	60.36 平方米	45.32 平方米	15.04 平方米	75%
		45.33 平方米	15.03 平方米	
己户型	49.95 平方米	35.52 平方米	14.43 平方米	71%

松坪村三期实测面积数据，来源：《晶报》2011 年 9 月 14 日

不能照顾到实际的需求，并且设计也未能在有限面积内做出创新。

深圳的另一个保障房项目——深康村出现三房户型大量剩余，931 套 89 平方米的三房房源仅有符合配租面积的 28 户申请家庭选定，引起社会和媒体的质疑。媒体评论称，深康村三房户型申购遇冷，与申购条件有关，四口及以上家庭才能申购三房户型。[20] 深圳市住建局表示，主要原因是这些项目在保障房轮候库建立之前就已开工建设，当时对符合申购条件的家庭人口构成情况尚未有准确统计，因此出现了保障房的户型结构与需求不够均衡匹配的情况。深圳市住建局表示，已采取措施在保障房建设中对户型结构比例进行了优化调整，减少大户型比例，增加中小户型特别是小户型比例。根据轮候名册的家庭人口结构，逐步实现以需定建。[21]

以上案例说明，保障房的设计，主要以总面积和房间数为要求，但户型设计并未和目标人群的需求匹配，仅仅是按照商品房的方式设计，分配政策更是与用户家庭结构、需求严重脱节。

3
责任主体与权利主体：不同主体的差别是什么

中外保障房差异最主要体现在概念或者观念表述的形式（法律和语序）上，并导致不同的角色责任、实施路径及问题。所有的问题基本可归结于责任主体过大和权利主体不明。是政府责任，还是公民权利？——涉及不同实施路径。保障房的用户主体，在中国往往被称为"保障对象"，这一主体—客体的设定，导致不同的角色责任和实施路径。

政府作为一个责任主体，向用户单向地提供保障房，是一种"授之以鱼"的思路，会产生供应能力不足，或与需求不匹配的情况。而以用户为权利主体，恢复人民自行建造的权利，并提升人民支付的能力，放开建造的牌照，让各方都可以参与，甚至居民可以 DIY，这是一种"授之以渔"的思路。

政府作为责任主体的被动性

政府作为公共组织的责任主体，应为公众提供福利。这一理念古今中外皆有，如亚里士多德所说的追求"最高而最广的善业"。[22] 然而，责任是一种社会关系的承诺和任务的担当，具有被动性的特点，正因如此，导致政府在作为责任主体提供保障房的时候，更多的是出于一种被动的回应（包括上级政府下达的任务指标和来自社会的压力），并且会产生质量、充数等各种问题。

2014 年 3 月，国务院法制办公室发布《城镇住房保障条例（征求意见稿）》，并在征求意见通知上对"政府责任"有专门阐述。"坚持政府主导、社会力量参与，才能不断推进城镇住房保障工作。"[23]这一阐述明确了政府在住房保障工作中的主导地位。

关于"责任政府"的学说中，张成福认为行政责任的两种形式即主观责任和客观责任。责任政府意味着政府能积极地回应、满足和实现公民的正当要求，责任政府要求政府承担道德的、政治的、行政的、法律上的责任。[24]他认为，对行政人员而言，客观责任来自法律的、组织的与社会的需求。客观责任不是由个人所做的，相反，乃是由别人来决定在其位应该如何谋其政。

而对于地方政府而言，保障房就是一种"客观责任"，一种来自上级命令和社会期待的客观责任。当保障房成为一种"任务指标"时，中央政府的政策在各个地方就会有这样那样的"变形"。被动的保障房任务，一方面成了地方政府的"数字游戏"，另一方面，急于求成必定带来质量上的问题。

20世纪五六十年代，瑞典政府也曾有过著名的"百万工程"（Million Program），在短短十几年间建造了一百万套廉价住房提供给中低收入者，有效缓解了住房矛盾。但同时，这种政府大规模公共建造住房措施的弊端逐渐显现，例如效率低下、易生腐败、房屋质量和设计结构难以让人满意等[25]。

在这种语境下，保障房成了不管客人是谁而端出的一道菜，主人费劲又不讨好。保障房设计的好坏，和它在设计之初（包括政策制定之初）是否充分考虑了用户的真正需求有关。在政策制定中，也可以看到对需求的关注。如："城镇最低收入家庭廉租住房保障水平应当以满足基本住房需要为原则"，

但是，"基本住房需要"是不清晰的，是简单粗放的。基本需要并非是达到一定的面积即可，比如面积勉强够用但设计极为不合理；或者是设计合理但地处城市边缘甚至偏远地方，用户无法方便通勤等一系列情况，都不满足基本需求（图7）。

政府部门目前也认识到保障房某种程度上"吃力不讨好"的现状。"由于政府建设或筹集保障性住房房源有一定的周期，且房源位置、装修标准、户型结构不一定达到住房保障对象的预期等因素的影响，以至于政府付出了努力，仍不能满足住房困难群众的需求。同时，我们也看到，保障性住房在执行退出机制及对于保障部分边缘人群方面往往有一定的局限性。"[26]

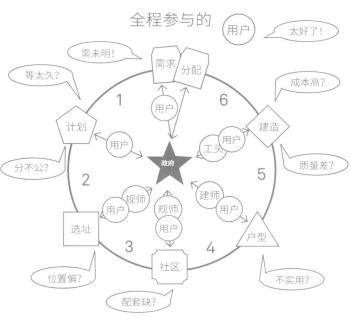

图7 保障房以用户为权利主体

4

协同营造：保障房供应的角色分工

保障房的全建设过程是一个营造系统，保障房与其他住宅又构成整体的居住系统，这一系统问题的解决，要求用户、政府、设计师（政策专家、规划师与建筑师）、开发建设者共同参与，协同营造（图8）。

赋权与营造——用户主体性如何实现

既然已经确定保障房用户是保障房设计的主体，那么其主体性应该如何实现？在《IDEO，设计改变一切》一书里，作者引用了一个医院护士交接班流程的改进案例来解析这种思维。在医院里，护士交

接班往往在护士站进行，交接有书面也有口头的，患者常常觉得在交接班的45分钟里是没有护士服务的。在按照设计思维改进了流程后，护士当着患者的面交接，"更重要的是，现在患者已经成为了交接班过程的一部分"。新的交接班程序对护士和患者都产生了影响。[27]

对于保障房的设计，也应该让用户全过程参与，充分考虑用户的需求，而非站在一个设计者的主观立场，为"对象"提供一套政策及产品。

用户介入保障房设计和建造的过程按用户参与的程度由浅及深可以分为：用户的需求在最开始即被考虑；用户参与设计；用户参与建造。

用户需求有渠道表达

在传统的保障房生产链条里，用户需求是空泛的、不具体的，终端用户也没有渠道表达需求，更不能参与相关政策的制定。尤其是非户籍群体，他们更没有机会参与决策，他们的活动范围仅仅被限制在经济领域。[28] 而在我们的竞赛案例中，这一缺陷被发现并纠正。

"一户·百姓·万人家"竞赛案例"AO"设计奖佳作奖苏晋乐夫的 161 方案[29] 的核心就是，应该建立关于保障房需求的信息通道，连接建筑师、组织者和公众等各方。该方案的思路是：Web 2.0 时代，[30] 保障性住房的建设需要全民的参与和思考，建筑师、组织者和公众都需要一个平台来发出自己的声音，因此我们需要一棵连接各方声音的"许愿树"——一个能让所有人有效传递信息的平台。这个信息共享平台，才是保障性住房设计与建设中应该搭建并维持的核心。

"许愿树"作为许多国家和地区传统文化中的

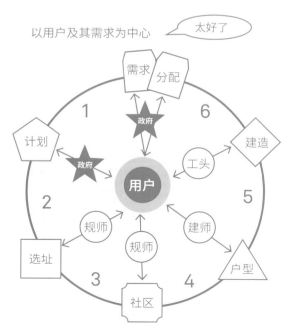

图8　保障房以用户需求为中心

"AO"设计奖佳作奖 161 方案：许愿树

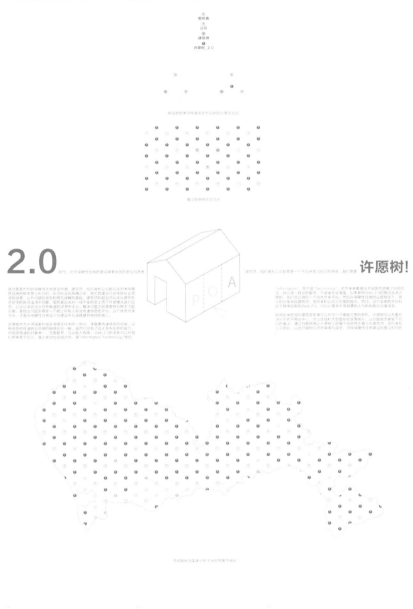

"一户"设计奖金奖 108 方案：户间

斜切

斜切产生的户型空间是一个可以同时容纳不同尺度活动的宽窄渐变的空间，梯形的户型空间在透视上可以强化或减弱空间的深度，为居者带来两种截然相反的体验。

适用范围：单身、双人、三口之家、三代同堂之家

折转

使两家各自获得相合自身需求的或宽或窄的空间，这些空间的边界由邻家咬合生，转折产生围合或半围合的角落，空间既有连续性又有节奏感。

适用范围：单身、双人、三口之家、三代同堂之家

共用

户间的墙体为一系列可以共用的设施或房间所代替，通过共用这些设施，两户可以省去一套厨卫空间用以增加实用面积，或用来提升厨卫空间舒适性，扩充厨房的设备和功能，同时两户可以通过共用墙交往。

适用范围：单身、双人、三口之家、三代同堂之家

连通

分户状况通过可开启的墙面进行控制，据不同住户当下的生活状况来自主选择开门合户或闭门分户。

适用范围：恋人、三代同堂之家，父母与子女相邻而居的三代居，子女已成年独立的两代居三口之家。

合并

两户并为一户，空间达到完全整合，使客空间的使用效率达到最大化的满足。

适用范围：三代同堂之家，两家亲戚合住，员工宿舍等人群需求。

户型原型

一部分，承载着传递信息的功能。这种信息的传递犹如早期的网络社区，虽然已经有了自主发布信息的能力，但信息传递的对象单一，范围狭窄，互动能力有限。Web 2.0 的革新可以给我们带来若干启示：真正推动社会进步的，是 Information Technology 里的 Information，而不是 Technology。若然单单着重技术层面而忽略了信息的话，就只是一具空的躯壳，不能使社会增值。如果参照 Web 2.0 的概念改进许愿树，我们可以得到一个信息共享平台，然后在保障性住房的议题框架下，展示和分享来自建筑师、组织者和公众三方面的观点。而且，这个实体的平台有别于网络层面的 Web 2.0，可以让更多不同背景的人与机构相互分享信息。

参加竞赛的建筑师提出，许愿树可以布置在深圳市若干商业中心、办公区域和大型居住社区等地方，以此鼓励大家留下自己的看法。通过互联网络让许愿树上的每个信息同步展示在建筑师、组织者和公众面前，以此打破相互间的隔阂与误会，寻找保障性住房建设的意义和目的。

用户参与设计

每个申请保障房的人收入标准类似，但需求却各有各的不同。单身需要的或许只是一个栖身之所，而两口之家需要更多的生活空间，三代同堂又有不同的需求。按照政策，不同家庭可能得到的是相同面积的保障房，但家庭大小会随着时间变化而不同，但申请人很难不断搬家适应变化，所以，保障房的户型适应性很重要。

获"一户·百姓·万人家"竞赛案例"一户"设计奖金奖的 108 方案[31]"户间"，就是极大地强调

了用户在户型设计上的自主性的典型。它打破传统标准化的户型设计以"户内"空间为中心的思维模式，将设计重点转移到"户间"的设计。建筑师并不设计完整、确定的户型，而是只设计一套"户间"的边界策略库，供住户根据自身需求自行地选择，使住户们的个性化需求得以最大化地满足。

建筑师首先确定一个虽小但不乏多种可能的住宅单元，以此可建立一个框架结构的住宅楼。该大楼只修建主体结构、管道系统和外维护，而没有内部分隔。每位住户在购房或租房时先获得一个初始的标准矩形单元，然后通过保障房的租售网站或者租售中心了解各种分户策略和相应的参考户型，初步确定自己的理想户型，并利用网站或中心登记自身的户型信息，同时搜索与自己匹配的潜在邻居，通过协商最终确定自己与邻居间的边界形态，进而生成自己的户型，也找到了"合得来"的左邻右舍。可见这个设计不止是引入了住户个性选择的参与式设计，同时更重要的是它建立起了一个社交平台，让原本陌生的住户通过完成户型设计而结识投缘的邻居，进而为未来密切的邻里交往打下基础。户与户之间有斜切、折转、共用、连通、合并等多种连接方式。在这个过程中，建筑师的专业知识不但在于通过设计户间策略和参考户型帮助无设计经验的住户方便、高效地 DIY 自己的家，而且在于设计了一种社交方式，加速社区和邻里意识的建立。

用户参与建造

筑巢是人类的本能，建造权是人类的权利。但现代社会的社会化分工使得人们，尤其是城市中的人们无需，也不能参与自己住房的建造，只能被动接受已建成的住房。但是在我们的许多竞赛作品中，用户是可以参与建造的。最典型的当是获得"一户·百姓·万人家"竞赛案例"万人"规划奖金奖的 012 方案，来自中国台湾建筑师谢英俊的"人民

人工地盘主体结构 - 预制混凝土构件组装系统

居室空间开放式营建体系 - 轻钢构系统

"万人"规划奖金奖
012 方案：人民的城市

降低建造成本
人工地盘主体结构—预制混凝土构件组装系统
立体式使用分区（生活行为结合生产行为）
空间的多样性与永续经营
生活动线连续（跨街区）
多孔隙空间（日照、通风……）

的城市"方案[32]。

谢英俊在其方案阐述中强调了"市民参与权"和"空间多样性与永续经营",并建立了一个开放式营建体系。他指出,现在绝大多数的城市居民只能单向选择由少数建筑开发商所提供的有限样式的商品房作为自己一辈子的住所,鲜少有为自己的房子和环境发声的权力,充其量仅剩在房屋内装修的机会,对于外部环境与景观却是无能为力的失权者。而我们举目所见的城市景观仅能呈现少数设计者品位的贫乏与单调,完全无法体现城市居民与城市生活多样性的面貌。

"人民的城市"意图在于"让庞大、多样的人民的力量能够投入公共环境空间的细致营造","让城市居民的努力与时间的累积反映在城市空间的质量上"。而开放式的营建体系与简化的工法可以让居住者在日后进行房屋增减、改建,以符合未来生活的变化及通达更多可能性的想象,同时也可以降低因改变而增加的建筑费用。

在 2008 年大批的外来务工者出走达到高峰之后,历史学家、农村专家秦晖对深圳官员发表演说,称深圳和其他城市都应该主动允许廉价居住地区的存在。"要保护这些人的权利,我们就应该尊重他们在指定区域里自行搭建住宅的自由,从而让他们的生活条件获得改善……建立这些地区,大城市即可更加体谅低收入居民的生活状态,并且为他们提供更多的福利。"[33]

其他主体的角色——政府、开发商、NGO、设计师、研究者的合作与博弈

在保障房这个大系统里,除了最重要的主体——用户外,其他几方也各司其职,发挥着重要的作用。它们包括政府——政策的制定者、产品的提供者;开发商——产品的建造者和提供者;NGO——各种各样人群的共同体、需求的关注者和知情者;建筑设计师——具体需求的实现者。这些群体互相合作,也有博弈。

开发商和用户主体的关系:在保障房中的作用,BOT、按比例配建

由于巨大的资金缺口,政府不得不采用和企业合作的模式来建造保障房。政府有政府的要求,企业有企业的考虑。《深圳市住房和建设局 2011 年工作总结和 2012 年工作计划》指出,深圳市的保障房建设成就要"归功于建设管理机制的创新与突破。通过盘活存量土地、利用上盖物业、工改居配建、企业自建等方式,多渠道筹集房源,有效破除土地和资金难题;积极引入代建总承包,实行大标段招标"。[34]

非营利组织和用户主体的关系

在国外,一些非营利组织、NGO 在住房保障中发挥着调查、协调、沟通用户需求,降低专业门槛乃至募集资金、负责承建等多种作用。而在中国的保障房建设领域,尚未显现这样的组织。

纽约市也有雄心万丈的建设保障房的计划，白思豪市长（Mayor Bill de Blasio）打算在未来十年内新建 8 万套保障性住房。如何把保障性住房最完美地并入那些为富人建造的地产项目之中，这个问题已经变得比以往任何时候都更令人关切。随着公共住房变成了另一个时代正在土崩瓦解的遗迹，美国一些城市越来越依赖私营企业来为穷人和工薪阶层修建住宅。而开发商的处理方式引起了争议。

近日《纽约时报》报道了保障性住房建设中的"寒门"（Poor Door）现象。[35] 以《富人走正门，穷人走穷人的门？》为题的文章报道，一个位于曼哈顿哈德逊河畔的新大厦同时为富人和穷人租户而建，前者购置这里的一套公寓需要 2 500 万美元（约合人民币 1.5 亿元），而后者收入不超过 5 万美元（约合人民币 31 万元）。前者可以享受一切优质的服务，比如门房服务、多间娱乐室，以及哈德逊河及数英里外一览无余的风景，而后者不能享受相同的待遇，甚至不会共用同样的大楼入口。因此，专供保障人群进出的入口被称为"寒门"。

报道称，不计其数的官员们对此非常反对，希望叫停这一做法。而开发商们说，通过将保障性住房与他们建造的豪华公寓分隔开来，他们能使年收入达到最大化，从而可以建造更多的保障房。

在这个问题上，即使是保障性住房的拥护者们也一分为二：一些人称，那些将公寓按贫富隔离的开发商们不应享受政府的激励政策；另一些人则说，重点应该在于建造出更多的住房，而不是大门建在哪里。

案例 1：非营利组织 + 建筑公司的作用

Long Range Planning 杂志《公司与 NGO 的合作：共创商业模式 一起拓展市场》（Corporate-NGO Collaboration: Co-creating New Business Models for Developing Markets）一文里，报道了墨西哥的一个案例。[36]

墨西哥当地一个叫 Comex 的大型建筑公司，与一个叫 Patrimonio Hoy 的 NGO 合作建设保障性住房，具体分工为建筑公司（Comex）通过自身优势提供从材料到建设的一揽子计划，从而降低 30% 建房成本，缩短 60% 建房时间。而 NGO（Patrimonio Hoy）以他们对当地社区、社群的情况了解为依托，能够更好地传达受益者需求。与此同时，建筑公司（Comex）通过建设保障性住房，对新的产品进行市场测试，从而降低了他们的运营成本（表 7）。

案例 2：非营利组织的作用（美国和加拿大的比较）

Housing Policy Debate 杂志有一篇较早前的文章，《美加比较：非营利住房组织的功能》（The Role of Nonprofit Housing in Canada and the United States: Some Comparisons），发表于 1993 年，文章分析了 20 世纪 70 年代以后美国和加拿大在公共住房领域中的政策变迁。[37]

20 世纪 70 年代，加拿大与美国终止其大规模公共住房项目。随后，加拿大开创其革命性的非营利住房模式"第三部门"，维持了一定数量的优质非营利社会住房，发展并不断完善以社区为基础的住房发展部门；美国联邦政府选择依靠私营企业提供更多的出租房数量，并且，美国社会还以一种"自下而上"的方式发展了一

表 7　公司与 NGO 的合作

合作模式与案例	NGO 作用	合作优势	潜在利益	对社会、经济的贡献
Comex 建筑公司与 Patrimonio Hoy NGO 的保障性住房合作项目	通过市场测试新的产品；响应客户的反馈；利用内部小额信贷系统促进新材料的购买	新的共同合作的商业模式将促使 Comex 公司通过重塑其商业模式拓展市场，同时也使 Patrimonio Hoy NGO 为低收入家庭提供住房成为可能。	全新的商业模式的诞生；为社会创造价值；减少成本	社会价值与经济价值

种社区非营利住房模式。

该文章分析说，加拿大政府对廉租房问题干预较少，相关项目都是靠草根游说团促成的，并且深受社区和政治上的支持。而美国政府干预较多，还曾组建过一个由建筑商、银行家、活动家组成的联盟，后来又不了了之。为何失败，具体原因则不得而知。

加拿大的非营利住房组织有三种：

（1）公共非营利住房组织：由当地政府成立的房屋公司组成。

（2）私人非营利住房组织：宗教组织、各类联盟、社区组织。

（3）非营利非产权联合组织：组织成员可以以非产权的形式拥有并管理他们的住房。这种组织形式的受众群体更加宽泛，包含中低收入家庭，不像前两种形式仅限于极端贫困的群体。居住者在居住时拥有产权，但不能转卖、赠送；当一个家庭搬离后，等待名单上的下一个家庭将会入住。加拿大 70% 的联合组织由居民义务维护，余下 30% 的大规模组织雇佣全职或兼职有薪员工。

美国的非营利住房部门：以纽约房屋委员会为例。

纽约房屋委员会（NYHC）是一个广泛联盟性质的非营利组织，由私人开发商、地产商、经理人、专业人员和资助者组成，目标是通过促进相关立法以及基金支持，使得所有纽约人都拥有体面的住房。董事会都是由赞助他们的银行界人士组成。

还有观点认为，非营利组织应该成为社会企业家。非营利组织应该做的并不是分配他们的利润，而是应该将这些利润投入到他们的社会目标当中，成为社会企业家。

设计师、研究者等专业人士的作用

　　设计师可以在让穷人住得更舒适、更有尊严上发挥他们的长项。除了前文提到的谢英俊的案例外，近期媒体上关于设计师、媒体、研究者等群体以专业能力和社会资源帮助人们改善居住条件的案例也层出不穷。

　　最近有一篇文章《让北漂生活更有尊严，设计师暴改央美附近地下室！》[38] 在设计圈被热转，从这个案例中可以看到设计师如何同住户协同，把居住环境设计得更符合人的需求。

　　文章报道了周子书在中央圣马丁学院的一个研究课题——"重新赋权——北京防空地下室的转变"，是一项以北京望京的一个居民楼人防地下室为研究对象的社会实验项目。周子书的"地下室"项目致力于研究并制定出一个社会革新战略来应对"地下室问题"的挑战："在经过深入的调研后，我们提出了一个新的战略和模型，并在该地下室中通过一系列的都市干预来进行测试。我们试图重新定义人防地下室，并因而可以重新赋予新生代外来务工者和地下室的多方利益相关者以新的角色，通过一个可持续发展的战略来达到'空间正义'，并重建北京的社会资本。"

　　通过研究者、设计师和房东之间的沟通，这一地下室从一个消极空间被改造成了适合年轻人居住的、有活力元素、有公共活动空间的积极空间。

　　而上海东方卫视的《梦想改造家》节目，更是在设计师和住户之间搭桥连线，使得一些生活在窘迫不堪的空间内的人们居住条件有了很大的提升。[39]

　　报道称，报名《梦想改造家》的上海住户数量接近一万户，编导精挑细选后，由设计师实地探访，

敲定适合节目的住户。在这一案例中，设计师王平仲认为"中标"住户需满足这样几个条件——户型有很多问题的、有故事性的、真的需要帮助的。有时设计师跟对应的住户"水土不服"，无法给出理想设计方案时，节目还会调换设计师。

　　设计师要在很短时间内跟业主沟通，了解业主的家庭故事、生活困难点，以及家庭过去、现在和将来的发展脉络，即家族的历史演变过程。设计师在最前期访问业主时，对房子每一个部件、环境、建筑历史及其背后的意义都仔细记录，并会拜访左邻右舍，全方位分析房子的装修可行性。同时，设计师还要兼顾业主财力薄弱的实情。

　　这一类案例的兴起，逐渐让人们对有限条件下居住改观的可能性有了更多的认知，且有更多的有识之士能借助各种契机发挥自身的专业能力；同时，众多的居住者也有了更多的参考实例，可以发挥其主体性，对自身的居住环境进行改造。

1. 李其谚，王延春，王毕强，等. 调查称多地保障房空置率 20% 左右 个别地区超 50%[EB/OL]. （2013-08-27）[2015-8-15]. []https://zh.house.qq.com/a/20130827/008032.htm.

2. 住房和城乡建设部. 加快发展公共租赁住房的重要意义：建保 [2010]87 号 [A/OL]（2010-06-08）[2015-8-15]. https://wenku.baidu.com/view/992c05853086bceb19e8b8f67c1cfad6185fe96c.html.

3. 住房和城乡建设部. 住房城乡建设部关于并轨后公共租赁住房有关运行管理工作的意见：建保 [2014]91 号 [A/OL]. （2014-06-24）[2015-8-15]. http://www.mohurd.gov.cn/wjfb/201407/t20140701_218350.html.

4. 严思祺. 无壳蜗牛再起 争取居住正义 [EB/OL]. （2014-10-3）[2015-8-15].http://blog.sina.com.cn/s/blog_5252307b0102v4e6.html.

5. Natalie Kitroeff. 他们漂在纽约，贫穷而年轻 [EB/OL]. （2014-6-25）[2015-8-15]. http://blog.sina.com.cn/s/blog_5ef1fe090102uw8n.html.

6. 白鹏，刘志丹，黄斌，等. "一户·百姓·万人家"竞赛案例 163 提案：青年人才保障房（或中初级人才保障房）相关政策。

7. 深圳市历年最低生活保障标准 [EB/OL]. （2018-06-05）[2018-12-19]. http://www.sz.gov.cn/shbzfwzt/shjz/zdbz/bz/200812/t20081229_1703686.htm.

8. 经济适用房 [EB/OL]. （2014-6-25）[2015-8-15]. http://www.wslc.org/legis/afford.htm.

9. 周天. 北京保障房分配仍排除外来务工者 [Z/OL]. （2014-7-1）[2015-8-15]. http://china.caixin.com/2014-07-01/100698137.html.

10. 许立志. 出租屋 [Z/OL]. （2013-12-2）[2015-8-15]. http://blog.sina.com.cn/s/blog_69463e160101kbg4.html.

11. 汪开国. 深圳九大阶层调查 [M]. 社会科学文献出版社，2005：307.

12. 白小刺. "广厦千万·居者之城"展览作品"居民：深圳百面"。

13. 陆岸，等. "一户·百姓·万人家"竞赛案例 147 方案：蜂巢之融。

14. 陈熹子，等."一户·百姓·万人家"竞赛案例 199 方案：平台式集装箱。

15. 林达，等. "一户·百姓·万人家"竞赛案例 41 方案：SCV 社会创意村落。

16. 李颖，等. "一户·百姓·万人家"竞赛案例 63 方案：人居日报。

17. 王丹丹. 松坪村三期经适房入伙 次卧太小业主遗憾 [EB/OL]. （2012-11-29）[2015-8-15]. http://www.dzwww.com/xinwen/xinwenzhuanti/2008/ggkf30zn/201211/t20121129_7944106.htm.

18. 出自：周昌和. 松坪村三期被指太小太差 [N]. 南方都市报，2011-09-14. 转引自 http://news.sina.com.cn/o/2011-09-14/081223152270.shtml.

19. 马骥远. 松坪村三期户型面积高于国家及省标准 [EB/OL]. （2011-09-14）[2015-8-15]. http://roll.sohu.com/20110914/n319298843.shtml.

20. 出自：胡蓉. 别把保障房建成"福利房"[N]. 深圳商报，2014-12-03. 转引自 http://news.focus.cn/cs/2014-12-03/5831949.html.

21. 出自：郭启明. 深康村公租房 三房户型遇冷 [N]. 南方都市报（深圳），2014-12-01. 转引自 http://sz.house.163.com/14/1201/07/ACC3R67V00073T3P.html.

22. 亚里士多德. 政治学 [M]. 北京：商务印书馆，1965：3.

23. 国务院法制办公室. 关于《城镇住房保障条例（征求意见稿）》公开征求意见的通知 [EB/OL]. （2014-03-28）[2015-8-15]. http://www.gov.cn/xinwen/2014-03/28/content_2648811.htm.

24. 张成福. 责任政府论 [J]. 中国人民大学学报，2000（2）：75-82.

25. 熊国平，朱祁连，杨东峰. 国际经验与我国廉租房建设 [J]. 国际城市规划，2009（1）：37-42.

26. 深圳市住房和建设局. 市住房和建设局局长李荣强就《深圳市保障性住房条例》答记者问 [EB/OL]. （2010-09-17）[2015-08-15]. http://www.szjs.gov.cn/csml/zcfg/xxgk/zcfg_1/zcjd/201009/t20100917_1570468.htm.

27. 蒂姆·布朗. IDEO，设计改变一切 [M]. 北方联合出版传媒（集团）股份有限公司，万卷出版公司，2011：157-160.

28. 汪开国. 深圳九大阶层调查 [M]. 社会科学文献出版社，2005：310.

29. 苏晋乐夫. "一户·百姓·万人家"竞赛案例 A0 佳作奖 161 方案：许愿树。

30. 2.0 时代是现在人们对当今社会模式的一种流行时尚语，也叫二时代，起源于 IT 行业版本的一种习惯称呼。从 2006 年底以来，国内的主流财经媒体纷纷将视角聚焦在中国企业的商业模式创新上，商业 2.0、Web2.0、营销 2.0 等冠上 2.0 的名词充斥于耳，这说明大家已经开始意识到一个新的经济时代——2.0 时代已经来临。

31. 蒋琳，郇昌磊，涂泉. 一户·百姓·万人家"竞赛案例 108 方案：户间。

32. 谢英俊. "一户·百姓·万人家"竞赛案例 12 方案：人民的城市。

33. 道格·桑德斯（Doug Saunders）. 落脚城市 [M]. 陈信宏，译. 上海译文出版社，2014：054-055.

34. 深圳市住房和建设局. 努力实现住有所居 率先建成幸福宜居城市——在全局系统 2011 年度工作总结暨表彰大会上的讲话 [EB/OL]. （2012-03-13）[2015-08-15]. http://www.sz.gov.cn/jsj/ghjh_2_1/ndgzjh/201203/t20120313_1825938_ext.htm.

35. Mireya Navarro. 富人走正门，穷人走穷人的门？ [Z/OL]. （2014-9-23）[2015-08-15]. http://cn.tmagazine.com/real-estate/20140923/t23poordoor/.

36. Dahan N M, Doh J P, Oetzel J, et al. Corporate-NGO collaboration: co-creating new business models for developing markets[J]. Long Range Planning, 2010, 43(2): 326-342.

37. Dreier P, Hulchanski J D. The Role of Nonprofit Housing in Canada and the United States: Some Comparisons[J]. Housing Policy Debate, 1993, 4(1): 43-80.

38. 林海. 暴改后的地下室 | 让北漂活得更有尊严 [EB/OL]. （2014-10-04）[2015-08-15]. https://mp.weixin.qq.com/s?__biz=MjM5MjQyOTc0MA==&mid=201152451&idx=4&sn=6515b769f095faad8b52767df13335a6#rd.

39. 太神奇了，14 平米弄堂老宅被装修成了 4 室 1 厅 [Z/OL]. （2015-03-15）[2015-08-15]. http://www.sohu.com/a/5730587_115715.

四

选址策略：保障房应该在哪里

保障房选址问题，牵涉中低收入者在城市中的空间位置和权利，同时也涉及一个城市的空间正义、社会生态以及城市的运作效率。只有认识到保障房的城市基础设施特性，并按照职住相随的标准，以及突破现有规范的空间创新拓展来配置保障房用地，保障房选址才会是合理且有效的。

1
选址方法：保障房偏远的原因和后果

用地紧缺：保障房靠边

在大力新建保障房的热浪之下，在城市用地饱和的现状之上，保障房就像是难以消化的城市问题，寻找着可以突破的途径。可用于保障房开发的用地从哪里来是一个至关重要的前提条件。每个城市都有自己的解决方式，北京住房新政策在 2014 年 7 月指出，鼓励单位在自有用地上建设保障房，深圳也将城中村出租屋用地作为存量用地放入保障房的框架下进行计算。这一系列行为都体现出保障房在用地上的困境。2010 年在对 4 个一、二线城市的保障房区位的分析中不难看出，现行保障房的郊区化现象严重。北京、上海、广州、深圳的案例显示，均有超过 80% 选址位于中心区以外[1]（图 1—图 4）。郊区化直接带动的是城市的扩张，这一现象在发达国家的城市案例中多有体现，其对公共交通、配套设施和城市效率的影响是非常巨大的。

在对北京、上海、广州和深圳保障房建设的数据分析中可以看出，如果把城市按区域性划分为核心区（中心区）、近郊区和边缘区（郊区），在 2010 年以前，保障房的开发力度在三种区域性划分中的占比，北京和广州在核心区的开发比例都超过了 20%；近郊区为保障房开发的主力军，均超过总体开发比例的三分之一。相比较而言，上海和深圳的保障房开发区域模式较不健康，呈现为核心区开发的比例较低，而主要集中在边缘区域的趋势。深圳的情况尤为严重，93.7% 的开发力度是集中于龙岗、宝安等关外（郊区），近郊区域没有保障房开发。这一开发力度的不均衡体现了城市扩展的脚步，加大了贫富差距的空间区分，增加了对城市交通的压力（图 5）。[2]

种种迹象表明，城市中特别是中心城区的用地紧缺也是导致保障房边缘化的原因之一。这种现象对城市和社会带来了多方面的负面影响（图 6）。

功利原则空间生产形成的等级差

"(Social) space is a (social) product."（亨利·列斐伏尔）空间在一定程度上是被生产出来的、适应需求的社会产品。建设城市空间的主旨是为了创造有序的、可持续发展的社会肌理，但是现实却是残酷的，对金钱、资本和商品的过度依赖造就了城市中对城市空间的过度资本化，在很大程度上这一现象反映了集权对社会空间的影响[3]。在利益市场化的今天，推行公共利益的平等性是一条举步维艰而不可不行的道路。因为这是社会可持续发展并赖以生存的基础。现实是中国的贫富差距加大了社会层级间在现实城市空间中的隔离。最极端且具代表性的案例就是封闭式高档住宅小区和城中村的对比，两者可以相邻而建，但是其间的社会和空间的隔离显而易见。在这一社会模式的空间布局中，富与贫在很大程度上还存在着区域上的共享。但是在新一轮的城市改造进程中，这一现状在不断受到挑战。在市场经济的大背景下，城市开发力度持续增长，土地价值不断飙升，当低收入人群赖以生存的空间不

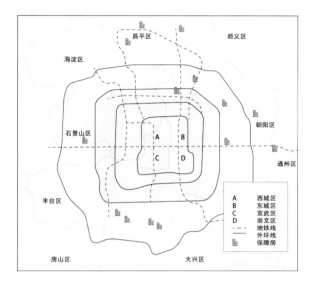

图 1　保障房在北京，保障房选址示意图

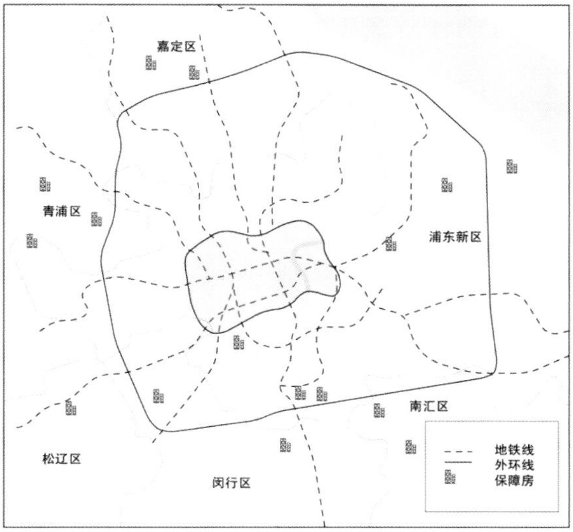

图 2　保障房在上海，保障房选址示意图

图 3　保障房在广州，保障房选址示意图

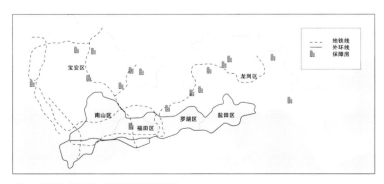

图 4　保障房在深圳，保障房选址示意图

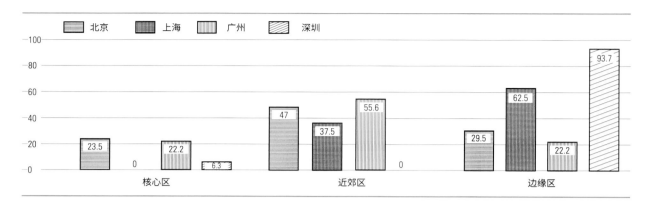

图 5　城市开发力度不均衡

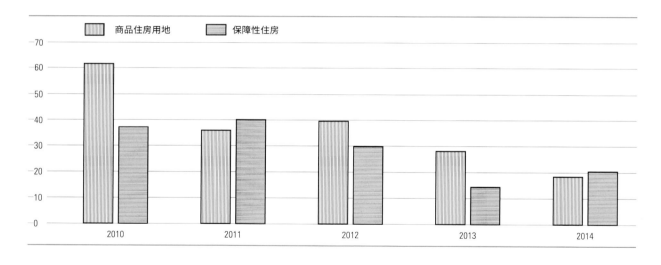

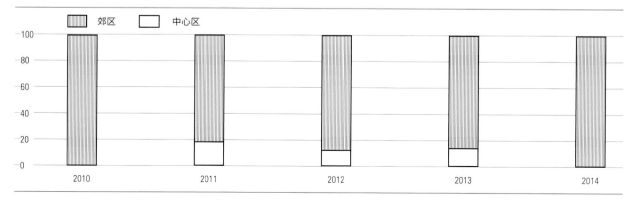

图 6　保障性住房建造面积（上图）和区域分类（下图）

断成为被升级开发的目标时，这类人群被边缘化也就不是令人惊讶的蝴蝶效应了。

中国改革开放以来的城市化进程将大量的外来务工人员吸引至沿海地区，这一人群的教育水平较低，没有接受过职业培训，大多数从事低技能的手工、买卖、餐饮等行业，收入较低。在社会福利上，因户口制度的限制，保障房、医疗、教育还具有对外来务工的限制。但是他们在很多移民性城市里却是大多数人群。尽管外来务工人员的住房问题很突出，但针对这部分群体的住房政策一直没有被正式纳入中国城市住房政策体系。这也直接导致了城市空间和社会层级的隔离，最直接的表现就是居住区的区域性分布不同：富人在中心区，拥有度假房；穷人生活在卫生、公共设施配套较差，地域偏远的郊区。这样硬生生的社会隔离案例也不少。在前段的讨论中也可以明显看出，中国现行保障房的趋势也使城市空间的隔离和社会的断层正通过不同的形式加大，这也会同时增加社会群体间的矛盾。西方众多学者对居住隔离问题的研究不断证实，这一隔离现象也会间接影响人群的道德水平、公共品消费能力和劳动力产出，产生负效应。

空间级差：社会隔离的形成

城市空间是由多种功能空间组合排列而成，这其中包括需求类产品（住宅社区、办公区、工厂区、消费区），功能配套类产品（公共空间、学校、医院）和必要的插件产品（道路、轨道交通、高架）。在空间的排列组合过程中，城市被区域化分割式开发，

同时根据规划方针对密度和可建比例进行控制。区域在一次次的划分过程中根据不同特性产生的空间浪费成为一种必然。在城市开发的规划条例中不难寻找到这些以数字和比例为衡量标准的规范，比如，住宅区绿化率 ≥ 30%，商业楼宇的建筑退线 ≥ 10 米，工厂类建筑占地不可以超过用地的 50%~60%。同时，道路高架类基础建设性用地在功能之外，因为职能管理部门的局限而很难对剩余空间进行活化。空间的拓展在一定程度上就是打破现有认知，针对规范内建筑以外的空间，或是废旧空间进行再利用。

城市扩张和住宅区的郊区化直接引发的是传统城市肌理在现代化发展的背景下对社会不同层级的分离，同时城市空间在分区功能上的拆解。空间的隔离在很大程度上就是社会隔离。在这一城市扩张的概念下，市场经济下企业的土地、人力利益最大化，与个体对居住、交通成本的效用最大化在本质上逐利点不同，造就了现代城市不可避免的居住与就业分离的空间格局。这就是很多学者论述的，在市场经济条件下"职住分离"是劳动力市场和房地产市场发展中的必然现象[4]。在这一论点的基础上，要达成"职住平衡"，可通过在区域间拉近就业地和居住地之间的距离，降低通勤量和交通拥堵，同时减少交通成本来展开。职住平衡概念挑战着现有土地利用对城市空间形态和结构演化的影响[5]。现有城市的开发特点成为社会、生态、文化等诸多问题的直接导火索，西方理论针对城市扩张的问题提出过诸多城市开发概念，其中包括很多现在不断被引用和应用的概念，诸如区域主义、新城市主义、精明增长、紧凑城市，以及公共交通导向开发模式，等等。

保障房靠边：城市不可承受之重

保障房在一次次的空间分解再组过程中，因为商业利益、城市中心区土地缺乏等原因而边缘化。这一现象直接导致人群的外移和城市功能性空间的分割，从而引发职住分离，职住分离增加了个人时间和物质成本，同时也增加了基础公共设施的压力，比如上下班高峰的通勤峰值，对配套设施的空间移位的需求量变换都直接影响到了城市可持续发展的现实问题，城市准备好承受新一轮的空间人口变迁了么？还是在一味地接受？

2

需求感同：用户及其期望在哪里

现实中，公民为生存挣扎游走在城市的各个角落安营扎寨。廉住房、经济适用房政策的实施成了低收入人群的一大福音。根据政策、规定排队，经过评定、审核、摇号，终于排到了一套房子，怎么会有人放弃？做这个决定的背后又有着怎样的无奈？保障房到底出了什么问题，让人又爱又恨，望而却步？

一则新闻报道对全国各地保障性住房受冷遇的原因进行了调查，从中我们或许可以找到一些蛛丝马迹。这份调查显示，有超过50%的被调查者指出保障房的区位过于偏远（图7），对受保障者生活造成极大不便：居民要买东西，附近没有大型商店，看病、就学也不方便，也没有公交线路经过，这些是放弃申请保障房的主要原因。基础设施的匮乏在无形中增加了用户在时间和生活上的成本。在访谈的过程中，有人算了一笔账，如果将每天花在上班路上的时间和交通费用的增长幅度计算在内，如果住房的地理位置较为偏远，保障性住房的惠民性就会大大减少，对于保障人群来说结果可能是得不偿失。这一特性对廉住性住房的影响较为明显。

保障房的开发现状在很大程度上体现了市场经济大背景下的城市开发中土地利用的不合理性，以及政府缺乏对城市福利性设施建设的区域性考虑，当然这个背后是多重利益方的利益平衡问题。现有保障性住宅的问题多体现在高昂的通勤成本、匮乏的周边基础设施和生活配套设施。

一份对新毕业人群租房意愿的调研问卷显示，选择在工作区域周边居住的人群超过70%，地铁周边达到40%，价格的考量为30%（图8）。可以清晰地表明，新毕业人群更期望"职住平衡"的生活氛围，这份调查报告从现实意义上显示出个人在对自身利益的平衡中对城市空间分配的理解，也侧面印证了部分学者对出勤时间与住房成本之间密切关系的研究成果。[6]与此同时，研究也发现，企业工人的通勤距离越长，被雇佣的概率也会越低，，即低工作可达性会导致高失业率。[7]保障房作为低收入人群的城市配套设施，其建设的主旨在于更好地为城市提供平衡的住宅市场，增加城市的公平性。但是现行的保障房建设趋势对城市功能和资源的不合理分配导致"职住分离"或职住失衡，或将对城市未来发展造成人口、社会和经济等方面的影响。

深圳在城市空间拓展的实践中也在不断挑战现有的条条框框，地铁上盖就是对公共功能性设施空间的集合利用的很好案例。但是不管是城市更新还是地铁上盖类的高密度开发类尝试，都只是针对市场开发问题的解决。

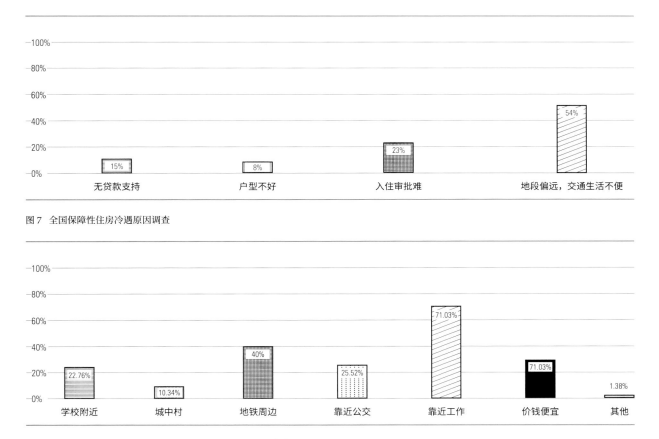

图7 全国保障性住房冷遇原因调查

图8 问卷调查：基于您可承受的租金，您比较倾向于哪里的住房

而在现实中，一方面是在工作区域周边居住的意愿，另一方面则是人口郊区化的加剧。以深圳为例，外来务工人群及其工作地点分布研究表明人口郊区化问题严重。深圳 2017 年 11 月常住人口总数 1191 万左右，其中户籍人口不过几百万。[8] 深圳成为外来人口的聚集地，这造成了这个城市流动的特性。深圳设计促进中心高级研究员傅娜和来自麻省理工学院的博士生布雷热（J.Cressica Brazier）曾经对 2008 年岗厦村拆迁对人口迁移的影响进行过调查研究，2014 年对同一人群样本 6 年跨度的对比分析表明，人群的外迁现象明显，这一现象直接导致的是交通、时间成本的增加以及公共交通压力的增加。在这一分析中可以明显发现，人口外移的过程中，平均通勤距离都增加了 4~5 倍，由原来的小于 3 公里的上班通勤距离增加到平均 12~15 公里。龙华片区在过去 10 年中空间住宅化趋势明显，大量小区楼盘开发进驻，特别是龙华线的通行使得这块关外原本荒芜的土地一时间热度很高（图 9，图 10）。

图 9，图 10　上班高峰的地铁承载着多少人每天的梦想，通往美好未来的列车

3

头脑风暴：城市中心地区空间拓展的各种可能

保障房在这一大背景下作为政府非营利性质的城市配套设施建设的空间策略布局，在现有城市规划的规范下其城市边缘化现象也就不足为奇了。保障房作为城市基础设施建设，应对了低收入人口在购买不起高价位商品房时的尴尬境地，是贫富差距不断加大的现今社会对社会资源分配的调控措施。城市人口的快速增长不断挑战着城市建设的极限，城市空间的集约利用和对开发密度的控制是在保障空间的可持续发展的前提条件下需要不断实践的概念。如何做好？从哪下手？在现状中国大力度城市开发的进程中，土地开发的制约直接限制了开发成本的投入与开发模式的可行性。从城市间的对比与分析中不难看出，沿海地区在现有的规划标准下难以提供保障房住宅用地。从上海、深圳等地的已开发保障房地块中不难发现，区域多集中于近郊或郊区。这一现象直接导致城市的扩散，由于将低收入人群集中安置在较远区域无形中增加了其人群的生活成本支出，这也在不断挑战着保障房的基本概念，即保障中低收入住房困难家庭的住房需求，改善他们的居住条件。

这一部分文章会着重讨论在"一·百·万"保障房竞赛和展览阶段，在宽松的设计指引或设计约束的条件下，有别于现有保障房开发模式，城市设计、规划和相关专业人员在保障房设计概念中尝试并实践采用"各方参与"的模式，不断挑战城市中心区空间饱和的概念，提出了各种空间拓展的方案与实践案例。

从郊区区位不利到市区见缝插针，即从郊区的大地块，变为市区的化整为零，化"千万"为"百"。这一概念，有对现有城市中利益团体或规范的挑战。其一，挑战了在1997年的城市规划标准中提出的，小于3 000平方米的地块不可以作为居住用地的规定。虽然该规范后来废止，但其深入影响了各级规划主管部门在之后对保障房开发模式的理解。其二，在混合用地上的挑战，即尝试在其他独立用地的建筑物上建住宅，比如派出所、菜市场等低矮建筑。其三，是对物权的挑战，表现为尝试在一些既有的业权范围内的闲置或利用率不高的土地上建保障房。

在综合了"一·百·万"保障房竞赛中"百姓"方案选址的地理分析后，不难发现在有具体选址的19个项目22个选址方案中，包含了在中心区的20个项目选址，集中在罗湖区、南山区和福田区；郊区包括2个项目，位于宝安区和龙岗区（图11）。绝大多数方案的选址都位于公共交通枢纽和城市公共设施服务半径可达范围之内，这一现象集中体现了相关设计和规划个体及单位对保障房开发中开发选址的考量。

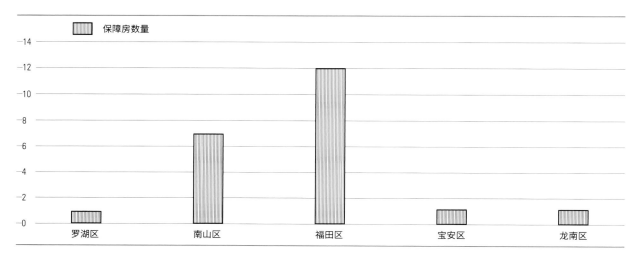

图 11 "百姓"方案选址

保障房竞赛中"百姓"方案精选 *

① "百姓" 策略奖佳作奖 005 方案

其核心是把城市的某些灰色地带通过一个公共设施激活，利用集装箱住宅这种循环利用资源的形式解决一定数量的临时廉租房，同时，方案设想了廉租房之后的使用方式。6 万套廉租房意味着 600 个邻里单元，10 万个回收集装箱，意味着 600 个或"桥"或"廊"或"亭"或其他的公共设施，也意味着那些没有融入城市生活的河道、尺度过大的绿化缓冲带以及立交桥内的边角用地在深圳城市更新进程中的新机会。

* 其中②为 "综合设计"奖类，但涉及"百姓"议题，故在此处介绍。

解答

我们把一个平台升到一定高度，形成一个有顶的城市场所，同时
作为集装箱住宅的承台。集装箱住宅的形式，在国内已有实例，
充分利用可回收资源，节约建造成本。

"保障房"之后

我们设想了回收及改造两种途径，改造后可以作为城市公共设
施，也可以出租给市民经营青年旅社、大排档、酒吧、早晚市集
等。

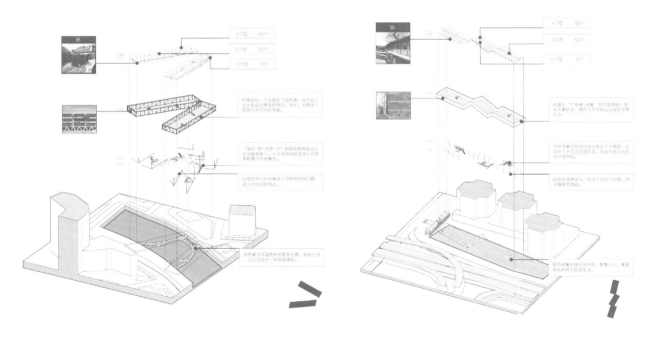

② "综合设计"奖银奖 111 方案：都市生活原型

其理念是尽可能多地在"市区内"解决保障性住房，让低收入人群更好地融入城市、享受城市中的设施、减少通勤时间，而提出了远售近租的策略，目标是把 2011 年城市规划要建的 6.2 万套保障房置于城市中心。通过分析城市现有土地分配图可以发现，大约 20% 的用地都被市政道路给占用了。而这些市政道路宽阔，景观优美，是极佳的建设用地和城市未来发展的空间。通过对道路的分析可以得出，大于 50 米的主要干道，如深南大道、北环大道、滨海大道，加上两边绿化隔离带辅道等，宽度约为 100 米。这些路虽然在某些意义上来说对于提高城市运转效率非凡，但从资源利用的角度来说，功能单一，对于城市的切割和片区化的影响让这个城市完全丧失了尺度，缺乏人性化的关怀。道路越修越宽，车流越来越大，城市各个区域就像孤岛一般被高速路切割开来，缺乏步行空间的联系，是一种不可持续的发展模式。因此，需要提倡步行交通和公共交通，让城市连接得更加紧密。那么，能否利用保障房建设的机会对城市重新修补？

"桥城市"生活原型，以类型学的方式进行片段的研究，试图找出几种适合不同道路情况的桥屋，让低收入人群居住在城市当中，同时利用保障性住房建设的机会，增加城市步行空间的联系。将保障性住房盖在城市的中心、道路的上空、成熟社区配套的周围，让来自社会不同阶层的人融洽地生活在城市里，为深圳带来不一样的精彩。

通过对城市土地进行密度分析、道路宽度分析、功能分布分析，我们分析了连接的密度需求、宽度需求和高度需求。四种不同的连接类型产生了四种不同的桥屋：单独桥、巨构桥、平台桥、退台桥。

区域整体轴测图

"单向桥"

③ "百姓"策略奖佳作奖 030 方案："飘"于城市的建筑

　　向时间要空间。由于规划调整或资金不足而暂停开发、项目分期开发、城市建设过程中正常的时间差以及非法圈地等原因造成了短期内土地闲置的现象。而综合考虑闲置的面积和时间，会发现这是相当巨大的资源浪费；与此同时，通过调研及一系列数据分析可以看到，大规模的保障性住房需求中，有相当比例的人群并非需要购买房产，而是需求短期、临时、过渡性的租用房屋，这与闲置土地短期有效的属性不谋而合。如果能将土地在闲置状态时加以利用，在正常开放时归还相关部门，则可以在土地使用年限内将其价值最大化，这便是从时间里来的空间。应对这种属性的用地，永久性建筑显然不合适，而能够快建快拆、可重复使用的临时性建筑则更为合适。

如何充分利用城市中短期空置的土地

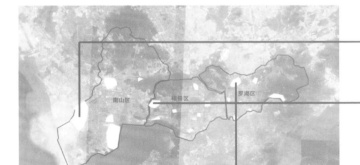

南山空置用地规模在 114 万平方米左右。如果按容积率 3.3 计算，预计商品房（含商品住宅及办公楼等）建筑面积至少可达 377 万平方米。

福田空置用地规模在 50 万平方米左右。其中可供建设商品房用地大概在 43 万平方米左右。如果按容积率 3.3 计算，预计商品房（含商品住宅及办公楼等）建筑面积可达 142 万平方米。

罗湖空置用地规模在 67 万平方米左右。如果按容积率 3.3 计算，预计商品房（含商品住宅及办公楼等）建筑面积可达 221 万平方米。

④ "百姓" 075 方案

方案的宗旨是避免使保障房处于位置偏远、配套缺乏、就业机会少、通勤成本高的城市荒僻地带，同时保障人群能分散分布，形成小聚集、大混居的混合居住模式。方案同时注重避免大面积开发新的城市用地给政府和人民带来的压力。

通过对以上设计要求的响应和实地调研，对几种具有可行性的设计方向进行分析，最后选定对现有较老小区的地面停车场进行改造和加建这一策略。策略的提出是基于对深圳市区 20 世纪八九十年代建造的小区的调研以及高效整合利用空间的基本设计思路。

a 这类小区一般处于地理位置良好的区域，一般位于城市中心附近，但这类小区配套并不完善或者设施落后，缺乏一些公共的配套空间，居民依赖周边的公共设施，如图书馆、市场等。

b 由于资金、技术的限制以及建造时地价相对低廉从而开发强度的压力较小等原因，这类小区一般会专门设置一定量的地面停车场，而非全部设置为地下停车，而这类地面停车场多为水泥铺面，功能仅限于停车，垂直方向并未加以利用，更无顶棚等覆盖，在炎热的夏季，地面停车场停车功能也会因此受限。总体而言这类停车场对于土地的使用效率很低，且无景观价值。

c 由于交通组织的原因（如：人车分流），这类停车场一般布置在小区的边角或较偏僻的位置，加建对既有小区的影响较小。

d 地面停车位的尺寸一般为 3 米 ×6 米，两边停车中间的过道尺寸为 6 米或者 7 米，这些尺寸与保障房单元尺寸可相匹配，且能形成模数化，便于普遍推广以及标准化设计和工业化生产。

e 加建的保障房可以分享既有小区良好的地理位置优势和成熟的生活环境及周边自发形成的配套，这能极大节约通勤成本，也能使不同收入的居民既能相对独立，又有机会互助交流，有助于形成混居的和谐社区。

f 停车场的产权一般归属于小区业主或者开发商，加建可以通过架空层原封不动地保留停车功能，并使停车功能得以优化（不用经受夏日的暴晒和下雨带来的不便）；加建的部分功能为廉租房，无须产权分宗，可一定年限拆迁及回收利用；加建部分也便于发动社会投资，如利用开发商或业主的资金，政府只需在报建、审批以及其他政策方面给予优惠，便能创造出共赢的良好局面；加建房屋在功能上设置一定量的公共配套设施，如图书馆、市场、餐厅等并对小区开放，对既有小区配套设施进行补充，同时补偿小区居民，形成互利共赢的开发模式。

新事物的成长总是不可避免地要经受既有事物的冲击和束缚，但只要调动各方的积极性，平衡好各方的利益关系，充分结合政府、规划师、建筑师、发展商、媒体、用户等各方的关系优势，发挥"先富带后富"的带动作用，这个新策略的实施便如水滴滴入水池，虽有涟漪，但也终会融为一体。

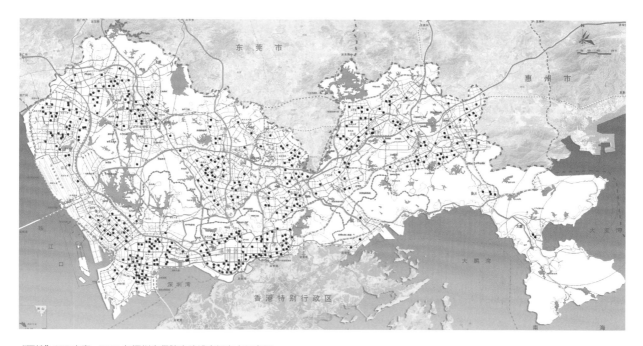

"百姓" 075 方案，2011 年深圳市保障房建设空间布点示意图

---

⑤ "百姓" 109 方案：厂房改造

鉴于城市的快速发展，我们难以实时预测保障的对象，已然出现以下情况：

a 近年来全国高考报名总人数的下降，主要原因为年轻人口总数下降。

b 深圳近年来的"用工荒"表明，打工者的天堂在务工者心中的地位越降越低，致使来深年轻人减少。

c 深圳目前正在进行"退二进三"的产业结构转型，对劳动力的需求在转型，保障人群的数量和构成也在发生变化。

往后的几年，也许保障房的问题并没有我们想象中的那么严重，甚至在若干年之后可能就不存在了，因此用缺乏依据的庞大的建造计划来应对未知的未来是一种巨大的浪费，我们主张选用临时的材料，在临时的地点，建造临时的建筑来应对现在的保障房问题：

a 时间差：深圳这一曾经的大工厂，随着城市的更新，关内存在着很多废置、停止、关闭等待更新的厂区。利用此期间项目立项、土地招拍挂、设计审批、报建要花费的几年时间，利用废弃厂房，将保障房嵌入；

b 放置可回收住宅：利用现成的技术，采用板房这样一种基本形式，以廉价彩钢夹芯复合板为主要材料，使保障房拆装方便，并且可以反复使用。

⑥ "百姓" 116 方案：旧工业建筑的选择与改造

方案选址以深圳宝安、福永、凤凰山大道附近的轻工业厂房及社区为蓝本，主要针对"百姓"的命题展开，以生存模式来评估可开发利用的社区，在城市中寻找值得利用的区域。方案通过对比分析，将一定比例的废旧厂房改建为保障性住房，同时更新附近社区的生产性建筑，使之向高附加值的第三产业或商业发展，以"工作—生存—发展"的模式发展为一个新的综合社区。

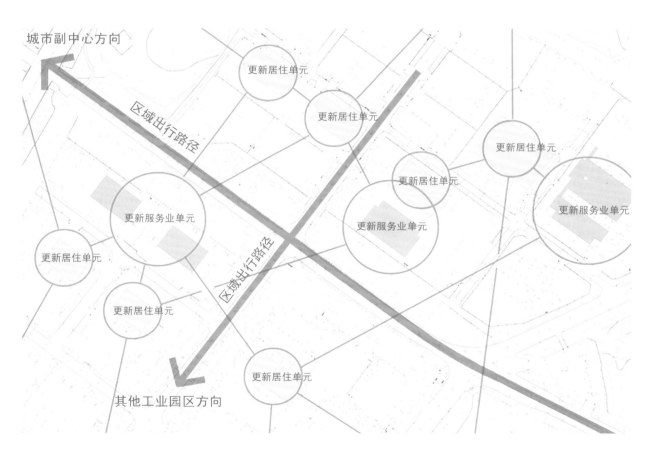

⑦ "百姓" 080 方案：福田村

　　方案试图从理论和实践两个方面，寻求"城中村""公共租赁房""低收入人才"三者的最佳利益需求平衡点，实现农民房到政府公共租赁房的历史价值，设想通过一个改造试点：由政府统一租赁若干农民房，与业主达成一致改造方案，然后通过最少量地改动城中村建筑构造本身，仅从建筑立面改观、建筑内部的功能和配套改造、公共交流空间的增设、外围环境和设施的改善等几方面对城中村进行小手术；后期通过政府统一科学管理和人性化租赁机制，保证原业主的合理收益，满足低收入人才的过渡性住房需求。通过一个试点改造成功，带动更多的农民房业主自发地加入政府公共租赁房系统。

⑧ "百姓" 082 方案 mat 席子：用于支撑建筑基础的板

城中村作为低收入人群建造的住所，极端密集的布局让居住者日常生活环境受限于狭长昏暗的街道。前期调研中我们发现，一个既有序又灵活的组织形式或可能对保障房的住户有益。在我们的设计中，"席子"物化成一套编织的交通网络来形成多孔的水平界面。自由的水平交通被重新带回城中村生活，从而激活需要连续的大水平界面支持的城市功能。

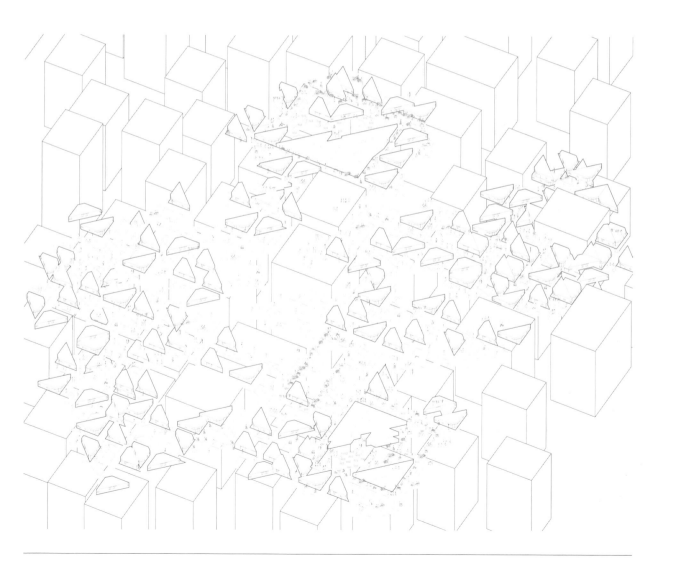

⑨ "百姓"策略奖佳作奖 085 方案：存量房改建升级

一个村落，要良性发展并形成一种特色，才能促成发达城市的完整性，而这种特色，不是一朝一夕或者拆迁重新规划所能达成的，它需要一股"柔力量"，以点状渗透到城中村，融入其中，得出一个更深入的地方性经验，确立生存环境之后，慢慢扩散到整片区域。城中村改造成保障房是一项长期且必要的工程，与以往纯粹的城中村改建不同的是，我们利用城中村本身的房源，以这样一种"介入性"的策略，政府以业主身份租赁和收购城中村的小产权廉租房，同时利用城中村的消极空间，通过改建、插建的设计过程去改造租赁和收购下来的城中村房源，使其变为保障房，这样既可满足保障房的数量及地方性需要，避免了拆迁资金、居民迁移安排等主要难题，为城中村的改造带来可行性，并且使得城中村的生活环境得到更好的改善，让村落形态得以保留并良性发展下去。

改造总体规划目标：

a 以凝聚的点蔓延发散促成整体效应。有一定历史的乡村，多数以宗氏祠堂为凝聚点有秩序地发散营造自己的房子而最终形成以各自的姓氏宗祠为中心的村落。而深圳多数城中村形成于改革开放后，呈散状分布，建设房子时缺乏规划，居民各占地盘，缺乏群体意识。所以，我们提出，以一种有规划、有目的的"柔力量"进驻城中村，营造一个凝聚的切入点，以区域改造蔓延到整体改造。

b 以保障房为目标，整体规划改造城中村。城中村保障房的植入是以"业主"的角色去切入，点状分布并蔓延扩散形成整片区域。例如广州小洲艺术村，自发的艺术者"散点式"进驻，整租村民的住房，将其改造成为自己所需要的空间，然后蔓延扩散到整个区域，起到一个群体效应，形成一种特色，才形成现在的小洲艺术村。然而，由于小洲艺术村缺乏一种整体的规划管理，艺术改造后的小洲艺术村基本都是各自独立的空间，村落基础设施依旧缺乏。所以，城中村改造不仅需要以凝聚点蔓延到整体去改造，更需要以保障房的形式去对其远景进行整体规划，才能合理利用空间，做到在不拆迁的情况下，彻底地对城中村进行改造，促成城中村的良性发展。

整改建议：

首先，政府从深圳国土规划委员会的城中村改造规则出发，让"城中村改造"与"建设保障房"之间的关系协调后，在深圳的每个城中村拟定几个可切入的点（即：可最先谈妥建立收购或者租赁关系的房主或者改造所需要的关键位置），以业主身份介入去租赁与收购，避免城中村大兴土木改造面临的可行性问题。

然后，在拿下的房源基础上，改造室内空间及每栋楼之间的联系，处理每栋之间的"握手楼""贴面楼""一线天"之类的违章房屋。根据《既有建筑地基基础加固技术规范》，先对地基基础进行增层加固、纠倾加固等加固改造，再对原有的房子进行增层与墙体改造：

a 在符合《建筑防火规范》的基础上，对每栋楼之间的楼层进行桥梁对接，使其相互连通。在连通的同时，拆除每栋楼房中间层，将其作为公共空间，这样既解决了紧挨在一起的楼房的通风采光问题，又能为保障房居民提供一个相互交流休憩的公共空间。

b 由于每栋楼原本是完整的个体，改造后在几栋之间形成一个互相联系的小区域，同时楼梯间每两栋可去除一个梯间，既可增加保障房的住房面积,又方便整体管理。

c 基础设施可作为整个小片区的整体建设,在改造住房的同时,对楼房周边的公共空间及失落空间进行合理的利用,可建设雨水收集设施,保护并扩展景观带,扩建公共休闲空间、摊贩集中点、小区域停车场、公厕、市民公告栏、报刊亭等基础设施。

最后,在整个深圳城中村改造保障房的过程中,每个村以各个分布点蔓延扩散,避开小部分暂时对推进造成阻碍、不愿出租的房主,以蔓延的形式,随着时间推移去扩大范围,避免整改出现舆论纠纷,这样逐步完善整个保障房系统,让整个城中村保障房有一个系统的管理,最后发展到整个城中村全面改造,完善整个深圳市的城市建设发展。

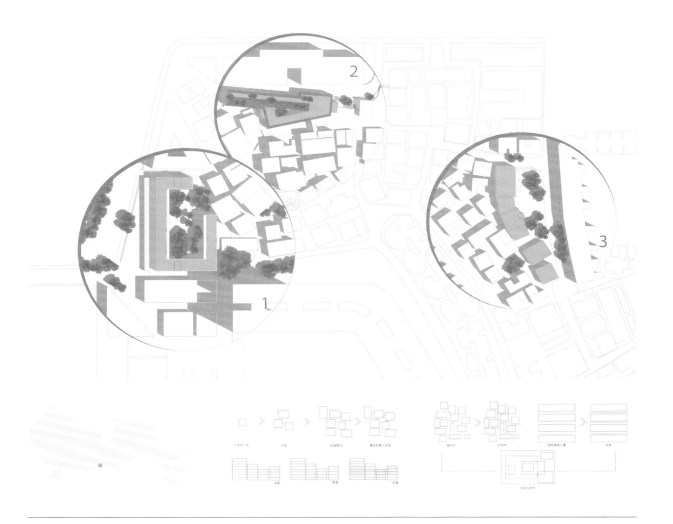

⑩ "百姓" 084 方案：预制房

国务院和住建部推动"住宅产业化"已有十多年，在部品认证和节能墙改方面取得了一些成绩，但目前在总体水平上与国外的差距仍然很大。先进国家的住宅建设工业化程度高达 70% 以上，中国的工业化水平不足 10%，特别是建筑主体建设方面，产业化程度不足 5%，至今仍然停留在以现场砌筑和浇筑作业等手工操作为主的方式上，不仅质量差、效率低，而且原材料浪费和环境污染十分严重。住宅的预制化是提高中国住宅建设工业化实践的一步。

按照中国人的居住习惯，集装箱房屋短期内不会成为住宅的主流，但集装箱房屋作为一种半永久性房屋，可以作为住宅形式的一种补充。其特点是坚固安全，制造简单，可工业化制造和高效回收，是一种绿色产品；如果设计得当，在狭小空间里也可以享受很高的生活品质。在临时性和过渡性的情况下，集装箱房屋具有一定的优势，目前在建筑工地、旅游度假区等方面有很大的需求。

莲花山公园平时为公共的休闲场所，也是深圳市的紧急避难场所之一，福田河南北向从中穿过，从目前的情况看，作为应急避难场所的配套设施严重不足，建议设置一定数量的集装箱房屋。由于地下为地铁车库，建设楼房会加重车库的压力，不宜修建永久性设施，集装箱房屋重量较轻，不需要基础，不会对其结构造成影响。本方案的目的主要是为了提示人们合理利用资源，重视人在过渡期间的生活，引发大家对"什么是保障性"问题的实质性思考。

40尺货柜式居住（双柜组合）　　　40尺货柜式办公室（双柜组合）　　　40尺货柜式住宅设计（双柜组合）

旋转屋概念设计图

在高柜里镶套标准柜的案例：运输的时候只占一个40尺高柜的体积，拉开后室内面积60平米，室外还有15平米的露台，使用起来十分方便。

紧急避难期的救济保障

⑪ "百姓" 176 方案

现状表明现有公租屋的主要保障对象是刚毕业的大学生和外来务工人员，以青年人为主。数据表明目前青年人口的数量有减少趋势，如果以目前青年人口为基数考虑建设公租屋，若干年后将出现部分房屋空置现象，又是一个庞大的资源浪费。方案提出设计选址在沿深南大道两侧 30 米宽的绿化带，充分利用周边现有的交通便利、公共设施齐全、就业方便等条件，减少土地成本。

深南大道交通便利
深南大道沿途众多地铁站和公交
车站，其服务范围覆盖整条深南大道

深南大道沿途公共设施齐全
深南大道沿途众多商业，生活便利

深南大道沿途就业方便
众多的办公楼群分布在深南大道两侧

⑫ "百姓" 136 方案大地公舍

　　在我们的城市里分布着各种各样的城市绿地：城市公园、高尔夫球场、道路绿化带等。我们可以利用目前未被充分利用的绿地来进行保障房建设，同时用巧妙的设计手段，既建设了保障房又不减少绿地面积。

公舍
Public House

How？ 与大地融为一体的公共租赁房
-----建筑与绿地和谐共存

概 念 Idea

 +  =

城市绿地
Urban green space

公寓建筑
Flat

大地公舍
-- 建筑与绿地完美结合

概念延伸 Extensions

呈长方形：边缘空间条形布置；
Rectangle

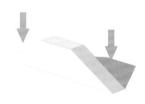

斜切两端：压低形体两端，使之与地面衔接；
Inclined cut

空中花园：Hanging garden
屋顶开放为公共活动空间，
建筑内部设置空中花园供居住者休憩交流。

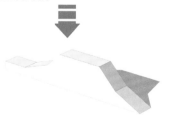

优化形体：Optimization Form
根据周围现状情况，优化建筑形体；

单体轴测图 Isometric

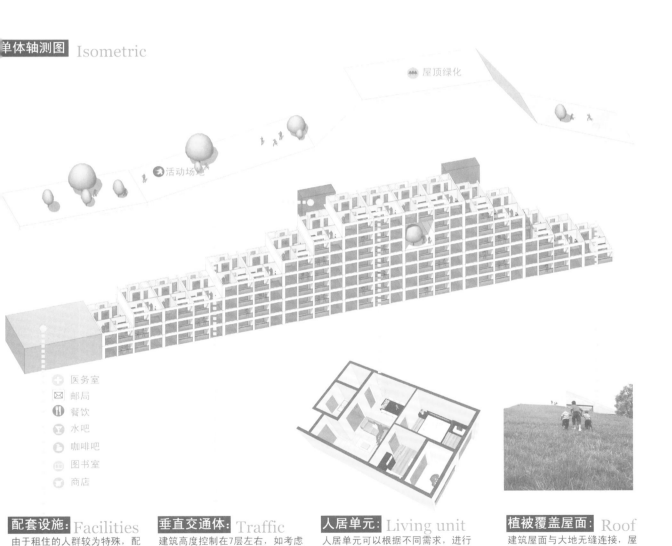

配套设施: Facilities
由于租住的人群较为特殊，配套设施可根据需要来设置。

垂直交通体: Traffic
建筑高度控制在7层左右，如考虑到成本问题，可以不设置电梯。

人居单元: Living unit
人居单元可以根据不同需求，进行设计，然后再进行合理的组合。

植被覆盖屋面: Roof
建筑屋面与大地无缝连接，屋面成了绿化和活动场地。

04

原型提炼：城市中心的"百姓"策略

"一·百·万"保障房在空间拓展方面的宗旨是在用地日益紧缺的城市中最大限度地挖掘已开发土地的潜力。这一概念也在项目中得到了很好的体现，在对设计的空间选址中，竞赛方案多把项目落到建议开发的场地上，让竞赛的实际操作可行性大大提高。选址概念主要集中于四个方面：① 边角料利用——见缝插针策略；② 用时间换空间——临时性策略；③ 存量房利用——旧改策略；④ 空间拓展——功能叠加策略。

边角料利用——见缝插针策略

见缝插针策略是对现有储备用地或闲置用地的再利用探索。除了上文提到的利用短期闲置土地建设保障性住房的策略（30 号）外，城市空间中未能很好利用的空间，比如单位社区中的路面停车空间，或法定图则可不独立占地的公共配套设施可采用附建形式实现，如公交首末站，公共停车场。文化、市政设施等（14 号）也可以设计再利用。在这一条件下，城市社区的公共平台和大部分开发中的非建设占地将归还给城市，与城市周边自然过渡，保留城市活力的同时也提供给人们灵活的公共空间，以容纳市集和社区活动等，可增进社区邻里之间的交流与互动，也带来了经济效益及就业机会，体现了一定的社会效益。

用时间换空间——临时性策略

公园作为城市的绿肺，穿插在住宅区、工业区和办公区，成为市民享受绿色空间的必要插件。深圳生态控制线在改革开放初期划定 50% 的基本标准线后，城市开发用地和绿色用地的区域性定位基本成型。洪湖公园、荔枝公园、笔架山公园、深圳中心公园、莲花山公园、深圳国际园林花卉博览园、南山公园，由东向西成为深圳关内（指深圳经济特区）绿色空间的聚集地。它们也成为周边居民锻炼、交流、舒缓身心的去处。但是，以莲花山为例，大片绿色空置空间没有得到很好的利用，浪费了在市中心的地理优势。城市绿色空间，不应该作为以营利为目的的场所，那么作为少量保障房的临时栖居地呢？在公与私之间，福利性保障型设施的何去何从，我们需要不断去探索其可能性。

存量房利用——旧改策略

存量房是指已被购买或自建并取得所有权证书的房屋，存量房一般是指未居住过的二手房，即通常所讲的"库存待售"的房产。深圳将城中村即自建农民房归纳至存量房的概念，大大提高了保障性住房的存量，解决了最低保障住房问题的燃眉之急。但是农民房作为建设在农用宅基地中非城市管辖范围内的城市住房空间，在面对城市开发的大进程的同时也在不断出现大改大造的现象。这一现象背后隐藏的是大量低收入住房空间被再开发、替代为中高端商品房的现象。这一过程中，低收入住房量的流失却没有再被提及。城中村有着地理、价位的明显优势，成为大部分来深人员的第一个落脚地。但同时，其因为环境、设施的落后，饱受市民的诟病。怎样保留改造是存量房改建升级中大家讨论的重点。

空间拓展——功能叠加策略

深圳城市更新已经是势在必行的一条路，据统计，深圳市"三旧"用地总面积为 240 平方千米，这样的旧改力度一跃超过可新增的建设用地面积。城市空间旧改升级已经是深圳城市建设的一种常态。深圳市"十二五"纲要，新建 24 万套、总建筑面积约 1 616 万平方米的保障房，总建筑量相当于 2 个福田中心区；每年要建房 4.8 万套、总建筑面积约 320 万平方米。在这一用地紧缺和保障房大力开发的极端案例中，城市旧改空间对缓解建造压力的作用是不可取代的。同时，多数旧改空间较为均匀地散布在城市各个空间中，周边交通配套、公共设施齐全，也为保障人群的宜居创造了空间。

现有的保障房建设是一个富有争议且具紧迫性的话题，同时中国的城市化进程伴随着大量土地浪费，先行一步的深圳在现行的用地模式下已经无地可用。城市中空间开发呈现出断面、切块型开发模式——道路、高架、河道都将城市切割分离开来，同时造成了层出不穷的负面空间。比如高架桥下的空间，道路不仅截断了片区之间的联系，而且也浪费了道路占地之上的上层空间。

在"城市链接"的概念中，方案集中体现在突破现有城市阻隔问题，利用链接的方式满足保障房在城市中心区的供应。同时对深圳市的土地使用现状有初步的了解以便挖掘新的可能性，在此基础上为合理系统地解决保障房问题换取时间。在"百姓"034 方案中，"边角料空间"的概念指出，传统思维束缚着我们，让我们陷入一种"建筑即需要土地"的错误观念。但在现代技术的进步过程中，悬挑、架空结构带给我们在天桥上设置保障房的可能性。

"百姓" 034 方案

"侵蚀" ：我们提倡政府、开发商、和城中村小部分居民经过完整地沟通，建设保障房及相关配套设施，形成小规模的城市更新，从而慢慢"侵蚀"周围地区，带动周围地区的升级，最终形成整个城中村的城市更新。

选择深圳白石洲作为基地　　　　　以基地中心作为第一步的"侵蚀"设计　　　　　最终自发的叠延及周边，自我更新

———

1. 郭湘闽. 我国城市更新中住房保障问题的挑战与对策 [M]. 北京：中国建筑工业出版社，2011.
2. 同上。
3.Henri Lefebvre. The production of space[M]. trans. Donald Nicholson-Smith. Wiley-Blackwell, 1992.
4. 郑思齐，曹洋. 居住与就业空间关系的决定机理和影响因素——对北京市通勤时间和通勤流量的实证研究 [J]. 城市发展研究, 2009, 16（6）: 29-35.
5. 同上。
6. 乔宏. 轨道交通导向下的城市空间集约利用研究 [D]. 西南大学, 2013.
7.Siqi Zheng, Zhenpeng Yang. Housing Price Gradient with Respect to True Commuting Time in Beijing: Empirical Estimation and Its Implications [R]. Proceedings of 2007 ICM Conference, Wuhan, 2007.
8. 郑思齐，丁文捷，陆化普. 住房、交通与城市空间规划 [J]. 城市问题, 2009 (1): 29-34.
9. 深圳到底有多少人口？三四千万人口的超级城市已经在中国出现！[EB/OL].（2018-09-26）[2018-12-19]. https://www.sohu.com/a/256380996_806626.
10. 刘昕. 深圳更新单元制度探索与实践——以深圳特色的城市更新年度计划编制为例 [J]. 规划师, 2010（11）: 66-69.

五

社区建设：重要的是赋权

现代社区规划设计多以失败而告终，何故？因为现代主义规划设计只是把社区理解成住房与配套设施的组合和配置问题，这种物质主义和机械性的理论与实践，忽视了社区用户的需求、权利和自主性。设计思维要做的是改变这种忽视，将社区规划、建设、维护、管理、改变的过程和决策开放给用户。

1
社区问题：为什么城市规划与设计在这里失灵

爆破、悲情和被改变：精英规划的三种命运

现代主义设计师山琦实（Minoru Yamasaki）设计的普鲁伊特-伊戈（Pruitt-Igoe）住宅区是典型的现代主义建筑风格，他试图在勒·柯布西耶（Le Corbusier）"花园中的高楼"思想的指引下树立一个建筑创意和社会福利相结合的范本，并在 1951 年获得了美国建筑师论坛杂志"年度最佳高层建筑奖"。然而它迅速退化，垃圾遍地，满墙涂鸦，犯罪猖獗，20 世纪 60 年代末已几乎废弃。美国圣路易斯市政府在花费 500 万美元整治无效之后，宣布 Pruitt-Igoe 为"不宜居住项目"，最终 33 幢楼全部炸毁，现代主义精英设计在此失灵。美国建筑评论家詹克斯（Charles Jencks）在《后现代主义建筑语言》一书中写道："现代建筑于 1972 年 7 月 15 日 3 时 32 分在美国密苏里州圣路易斯城死去……"认为 Pruitt-Igoe 的拆除标志着现代主义建筑的死亡和后现代主义建筑的开端。

Pruitt-Igoe 和同期其他代表性项目的失败，除了种族问题和早已经存在的社会因素外，还被归咎于过分用心规划出来的生活被现实的实行者"超出"设计。这对当前保障房社区建设提出了诘问：保障房社区是属于谁的栖居？谁有权把握/操控这种栖居？建筑师、规划师，还是政府？还是将来栖居于其中的低收入人群？

香港在前一个半世纪里，由于英国殖民主义城市规划体系的导入，从一个小渔村快速演变为国际贸易、经济、金融中心。其建设基本体现了英国新城建设的理论，是在严谨的城市规划管理基础上建设而成。然而作为香港第 8 个新城的天水围新市镇，由于政府规划配置的失衡而不幸沦为"悲情城市"。媒体大肆报道，负面舆论满天飞，香港导演许鞍华的《天水围的夜与雾》和《天水围的日与夜》更是将天水围的"悲情"以大荧幕的形式展示在众人面前。

对于拥有世界最高人口密度之一的香港，公屋高密度的聚居形式是无奈之举。然而，天水围新市镇"自给自足，均衡发展"的规划理念过于理想化，令低收入者无法就业，走不出去，高收入者因其缺乏公共配套不愿进来，加剧了低收入人群的空间聚集，造成了底层居民社会生活边缘化。这个地处偏远郊区、功能单一的巨大住宅社区成为一座贫困的围城。

园岭新村是深圳最早最大的福利房社区，各栋住宅有架空层，并通过风雨连廊相互连通，是体现中国现代主义理论的模范小区，也是特区创办之初以公务员为主的各路人才安居的家园。然而，住户的更替使本是低密度小区的园岭人口增至 3 万多人，其中以低收入人群为主的流动人口占 2/3。在需求促使下，曾经精心规划的小区也不得不被改变成适应低收入人群生活、工作的低收入社区。

园岭社区的被改变表明规划设计不可能考虑到用户需求的动态变化，可持续的社区规划设计应该保留社区发展的可变性和开放性，给予住户一定自主发展的空间，允许用户按需求自发改建、自我配套，使社区在专业的引导和帮助下有秩序性地自发生长。

规模化：大型"万人居"弊端

由于多年以来中国保障房建设的严重滞后，为在短期内解决大量中低收入人群"居者有其屋"的问题，受西方"现代主义"城市规划思想指引的规模化大型、特大型保障房住区已成为当下主要的建设模式。保障性住房大规模集中建设的方式从表面上看便于操作和快速完成既定政策的目标，同时批量生产和大规模的开发还能大大降低建设成本，受到开发商青睐。但这种大型"万人居"存在诸多弊端：

1. 社区同质化明显，低收入群体聚集。受土地资源稀缺及地价和开发利润等因素影响，大规模集中建设的保障性住房项目选址被迫郊区化。在这种建设模式下，社区同质化明显，带来城市不同收入阶层居住空间的分异。居住空间分异度的提高，使社会贫富差距日益表现在城市空间布局上，产生低收入群体集聚并与其他收入阶层隔离的现象。贫困的聚集和遗传正是导致天水围这类住区悲情的主要原因之一。

2. 社区功能单一。北京超大型住宅社区天通苑被居民称之为"睡城"，主要指其职住失衡、公共服务严重滞后等。这些超大型社区的设计者们在设计之初几乎只考虑到了单纯的居住功能，却并未将居民的日常工作、学习、娱乐生活以及就业发展考虑进去。缺乏产业支持的社区不仅无法为居民的生活提供便利的服务，而且也失去了发展的活力。

3. 缺乏就业机会，城市交通市政设施成本加大。城市的大多数就业岗位仍集中于市内，由此产生大量通勤交通。保障房社区与城市功能布局连接不紧密，而低收入群体的出行方式又依赖公共交通，当城市交通市政设施的资金投入和建设还不到位时，居民需求得不到满足，使其处于弱势地位的社会资源占有量进一步下降。桃源村作为深圳早期最为典型的大型保障房住区，居民普遍反映：地处北环、侨香等快速路旁，特别是在地铁开通前，与深南主干道公共交通衔接不够便利，居民出行不够便利；离综合大型医院距离较远，就医需求得不到充分满足。

在"一户·百姓·万人家"的竞赛题目中，"万人家"侧重探索在典型大社区中受忽略但又至关重要的低成本生活环境的规划设计，要求根据保障人群的居住、就业和生活的具体需求，在 4 公顷（+0.2 公顷）用地内安排 10 000 人（约 3 000 户）的住房、生活和部分工作环境。此题目针对深圳保障房目前绝大部分选址偏远、功能单一、简单复制商业地产小区等现象，重点研究和解决保障人群大社区普遍被忽略的问题：商业与部分就业/创业/谋生空间、生活服务设施（教育、文化、医疗、环卫、邻里交往等）和自治管理设施用房的需求研究与配置。

老化：社区活力的难题

年久失修、物管不力、安全隐患、管网老化……随着时间的推移，一些老旧住宅小区，正逐渐凸显出越来越多的问题。如何让老旧小区不断焕发新活力，不仅是居民的期待，也是摆在相关部门面前的一道棘手难题。

对于一些状况尚好的小区，通过增设电梯、增加停车位以及完善配套设施就可达到环境提升的效果。然而房屋质量差（海沙影响结构安全、管网设施老化），缺乏本体维修基金，住户经济状况不佳，或房东已经不住其中，租户则对社区维护和改进不感兴趣，甚至在使用中损害公共环境等因素，使得老旧住区缺乏一种机制来维持和更新自身，只能在老化破败中挣扎。深圳开展旧改十年，一方面，取得 19% 实施率（共立项 407 项，已实施 100 项）的显著成绩；另一方面，8 个老旧小区尚无进展。此外，还有在旧改计划之外苦苦等待的"南华村们"[1]。旧改这一看似唯一出路的后果是：建筑容量、居民数量、市政及公共配套负担都要翻三倍以上，还有社区高档化让城市生活成本升高的副作用。除了艰难维持和苦等拆除更新，老旧社区还有别的可能出路吗？

种种现象可以看出社区居民对小区缺乏认同感，是老旧社区无法保持活力的关键所在。新生代移民已经比早期更积极地融入城市社区，然而认同的成果并不成功。他们对城市的适应只是一种生存的适应，离心理适应还很遥远。他们客观上对城市向往，但是基于政策、经济等多种因素，在城市受到种种挫折，心理上不能同步认同，甚至产生主动自我隔离的现象。[2] 学校是教育执行的场所，学校适应是社会适应的前提。培养社区归属感甚至社会归属感，应该从学校归属感开始。另外，有研究表明地方感在时间上是动态变化的。保障房社区人口流动大，人们居住环境不断发生改变，对原居住地的地方感会发生变化，地方依恋很容易减弱和中断，社区认同也可能会丧失。Morgan 构建了一个地方依恋的发展理论，认为儿童时代的地方经历会影响成人的地方依恋和地方认同。[3] 基于此，重视保障房社区的教育基础设施（特别是小学）的配置是建立居民对小区认同感、回到"社区自治"的根本所在。当居民对小区的认同感和归属感被"唤醒"，积极性极大地被调动，老旧社区将在居民的不断自发改善中焕发活力，甚至可以以大量离退休人员作为自治的"人力成本优势"。

"自治"并不意味着政府完全退出。政府要积极引导成立"业主委员会"等自治主体，搭建起社区与居民、社区与物业公司之间的对话平台，充分沟通，解决矛盾。同时，考虑到老旧小区住户大部分是弱势群体，政府需提供必要的资金支持更新改造。昆明盘龙区金星小区由政府投入，改造小游园，建起居民活动中心和老年食堂，协助成立业主委员会，令社区居民精神为之一振。

机械化与工业化思维：现代主义社区模式的缺陷

随着工业化的发展和城市规模的膨胀，机械化与工业化思维渗透到城市规划理论中。现代主义规划思想认为，功能随机的传统城市空间结构已经不能适应理性化的经济和社会要求，应按照理性的原则，进行严格的城市功能分区、批量生产和大规模的开发。这种规划思想把城市看作是一个静止的而非动态平衡的事物，探索理性化的终极状态的城市，却忽视了城市文脉、建筑空间、居民对建筑环境的感受[4]。模仿工业生产方式的现代主义社区模式存在种种缺陷，对邻里和区域产生了恶劣的影响。

现代主义城市规划倡导城市功能的分离和隔离，最终导致城市机械化、简单化。《雅典宪章》将城市功能分为四个方面，即居住、工作、游憩与交通。功能隔离使人们不能就近从事各项活动，不得不奔波于不同的功能区位之间，增加了交通负担。同时，单一化住区导致社区的同质性。而不具备专业知识的公众通常无法参与建造活动，这使社区无法满足居民的配套商业和就业需求，导致社区生活的单调乏味，使社区成为"睡城"。

工业化思维引导的大批量标准化生产、专业化建造，在提高城市效率的同时却忽视了人的参与和差异化需求。"人人都有同样的身体，同样的功能。"[5]勒·柯布西耶 (Le Corbusier) 的这种主观主义剥夺了人类存在的丰富性和多种可能性。多样化的需求被忽视，进一步导致积极性丧失。由于缺乏自主更新机制，社区活力随时间逐渐消逝。

现代主义规划思想主张建造以汽车为导向的大规模街区，目的是加快交通速度。这种单一追求效率的行为不仅因为各种城市交通问题而使结果与其初衷相背离，还忽视了社区邻里交流、自治以及可步行的合理尺度。彼得·卡尔索普 (Peter Calthorpe) 认为规模过于庞大的住宅区不利于社会交往，公共区域既不可见，也没有与住户单元直接连接。相较而言，在小型的社区内，大多数人能彼此认识，有利于建立强大的社会纽带，且公共区域直接可见，也更加安全，更能成为社区交往的中心。同时因小型社区内大多数建筑都处于区块边界，底层楼面还提供了街边商铺和为本地服务的商业机会，丰富邻里之间的街区生活。[6]

那么，人类聚居生活所形成的"社区"的人口规模究竟多少才是较为合理的尺度？综合考虑社区管理的合理性、工程设施的合理性、市场经营的合理性、社会心理的需求及中国的国情等因素，杨贵庆得出关于合理社区规模尺度的理论假说（表1）。

表1 居住类型层次及其规模

居住类型	人口规模（人）	户数（户、套）
步行区（相对于院落、组团）	1 000~1 500	350 左右
邻里单位（相对于居住小区）	7 000~10 000	2 000~3 000
城市社区（相对于居住区）	40 000~50 000	15 000 左右

注：表格来源于杨贵庆《社区人口合理规模的理论假说》，《城市规划》，2006(12)：49-56.

2
设计师容易忽视的保障房社区生活

新建保障房小区配套普遍存在对商业楼盘的模仿简化，这种统一的项目指标与居民主体需求不匹配，限制居民生活及社区的发展。保障房社区居民主体为社会中低收入阶层，群体特征和行为偏好特征对设施供应的最终效果和保障效率有重大的影响，社区公共空间及配套设施的配建形式和指标应根据居民主体需求强度，分阶段、分类别持续配建。

低成本生存：什么样的空间环境能支持便宜生活

依据深圳市 2011 统计年鉴，保障群体收入水平低，消费能力弱，平均月可支配收入低于 1 880 元，约为高收入群体的 1/4。日常食品及基本生活必需品消费量大，在食品消费这一项上的支出金额最高，占到总消费支出的 40% 以上。[7] 由于消费能力有限，他们在进行各种休闲或娱乐消费时会尽量减少交通成本，低收入群体活动范围相对集中，出行方式以公交和步行为主。由此可见，低收入群体的主要消费为生活消费，且偏好低消费。

低收入群体的生活方式和消费方式决定了其社会活动空间较小，主要是在居住地周边解决就医、子女教育、日用商业服务等需要。为了尽可能减少经济开支，其更依赖于政府提供的公益性设施。社区及其周边设施为城市低收入家庭的首选，比如在购物选择上，可能首选农贸市场、便利店或者普通超市等提供低价商品的商店，大型的超市则作为购买一些必要商品的补充；在就医选择上，他们可能会首先考虑社区卫生站或附近的医院；在健身休闲选择上，他们可能会就近使用社区免费开放空间和体育活动场地，不会有太多人到高端的健身场馆去消费（图 1）。

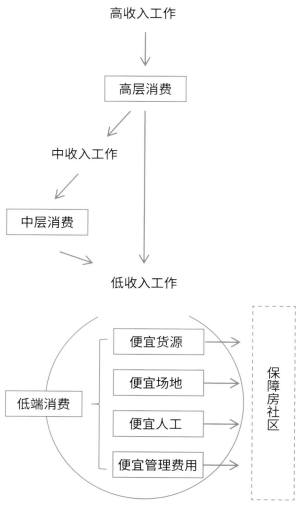

图 1　低成本生活圈

就业创业：社区如何成为社会底层落脚和事业起步的地方

低收入社区就是迁往都市核心过程的落脚点，与既有城市有着重要而深切的联系。城市的政治体制、商业关系、社会网络与买卖交易等产生一个个的立足点，营造城市活力的同时，能让社会底层谋取机会把自己和下一代推向都市核心，并最终回馈城市的经济发展，有利于城市的最终稳定。马立安曾评论"没有城中村就没有深圳"，"走得出城中村才是深圳人"。[8] 对于低收入人群来说，小概率的成功机会比只能努力填饱肚子好得多。"他们具备资产阶级的梦想、拓荒者的坚忍与爱国者的价值观，他们缺乏的是实现梦想的机会。"[9] 社区作为城市落脚点，正提供了这样一种机会，入住的居民不论选择离开或者留下，都经过这里的滋养而资历成熟，并且为都市生活做出贡献。同样，这样的城市落脚点甚至培育出了一个洛杉矶市长——维拉莱格沙（Antonio Villaraigosa）。

低收入群体文化水平偏低，就业技能较低，从事的工作多数是依靠商业中心地段的商业零售、环卫清洁、餐饮服务等传统服务业，或者是依靠工业区从事制造业等劳动密集型工作，就业状态不稳定。他们往往再就业需求强烈，希望能通过某些渠道学习掌握一些技能，寻求一份稳定的工作，摆脱贫困，融入社会。高薪行业入门往往有一定的门槛，对于低收入人群来说，学习渠道和资金都是个大问题。

美国强化社区服务功能，以社区为依托，将社区作为孵化器，依靠有经验的非营利性机构，通过政府的拨款为低收入群体创造就业及商业机会，以低投入项目为起点，帮助低收入群体克服资金短缺和经验不足等就业障碍[10]。在纽约的皇后区，一个名为 Access Code 的非盈利性机构就抓住这个痛点，让更多社区当中的人们能够接触到代码，并且学习 ios 开发，进入高科技行业，第一期毕业生的薪酬水平也有了大幅度提升。[11]

中国目前采取的低层次和临时性安置的就业举措，应急性地解决了低收入群体眼前的问题，但也会将低收入群体锁定在经济社会繁荣发展的边缘，不利于实现其自主良性发展。为此，政府应设立一些有针对性的长效项目，并加大此方面的投资力度，帮助低收入群体实现长期独立发展。还应致力于改善低收入群体居住社区的环境，强化社区的服务功能，以使他们获得更好的就业机会。这样不仅可以确保低收入群体获得更好的就业服务，而且能从根本上保证他们就业的长期性，促进他们收入的增长。使保障房社区成为低收入人群梦想的中转站，创业的新起点。

权利尊严：公共设施和公共空间如何共享

在现今社会，公共配套设施与空间对中低阶层的使用设置了诸多门槛，导致包括外来务工者在内的低收入人群无法在贡献了自己宝贵青春的城市落脚。近年来广大学者呼吁"以中下阶层权利为核心的公共服务均等化"[12]，实现公共设施及空间的资源共享，正是维护保障社区居民权利的具体体现。

1. 户籍制度。在当下中国现实中，户籍制度除了执行登记和管理人口的职能外，还与能够享受到的福利密切相关。[13] 处在权利边缘的弱势群体在出生、入学、就业、医疗以及养老等过程中都称得上是"二等公民"。[14] 由于中国社会保障制度的滞后，许多低收入人群游离在"保障网"之外，基本生活保障方面存在盲点。就业制度和社会保障制度主要适用对象是城市从业人员，而没有城市户口的农民即便在城市找到工作，也难以获得基本的就业保障，各方面基本需求得不到保证，合法权益受到侵害。随着社会各界关于改革户籍制度、实现自由迁徙的呼声越来越高，2010 年，各地开始新一轮户籍改革的政策实践。广东开始试点"积分入户"政策，随后，该项政策在广东省全面施行。重庆市政府更是宣布力争两年完成 300 万、十年完成 1 000 万的"农民"转"市民"计划。[15]

2. 住宅配套会所化。近年来，各大地产相继在社区内开发顶级会所，如西安楼市的高端住宅项目富力城开创社区会所，逸翠园的尊贵缤纷会所，曲江·千林郡 5 000 平方米住户专属会所，以及城东的恒大绿洲会所。[16] 这些大手笔都在宣告其社区的全面升级，意图提升社区的整体形象，以此吸引业内人士和购房者的关注。社区配套作为小区的内部设施，理论上应面向居民免费开放，以满足居民家庭日常生活、休闲娱乐等方面的需求。而这些高档会所作为具有营利性质的商业设施，收费昂贵，甚至引入会员制，使得社区配套服务有了消费门槛，极大地限制了社区及周边居民的利益。为使会所真正为居民服务，一些运动设施和娱乐设施应定期免费开放，增加使用率的同时，促进社区居民间的交往。

3. 低收入社区公共空间不足。中低收入阶层无法入住带小区花园绿地的高档社区，除了市、区级大型的公共空间可满足需求外，街道和社区级的小型公共空间远远无法满足需求。深圳市已对此展开了相关工作，已编制《深圳经济特区公共空间系统规划》，要求此后开发商在建设楼盘时，必须留有一定比例的公共空间，这个公共空间与小区内的花园绿地不同，必须是没有围墙，全天候向市民开放的。这样的空间可以供市民邻里交往，市民可以随时出入，体现了城市的宽容性和交往性。[17]

在保障性社区建设中应多考虑居民如何能够方便、和谐地共享周边的资源。资源的共享可以加强不同收入水平群体的交融，并且利用公共配套设施来实现社会空间结构调整。对于新建设的保障性社区，规划设计时应以补充周边资源的不足为出发点，配套建设的公共设施也应向其他街区开放和共享。混合配建可以让低收入者共享完善的配套设施。商品房小区具有优越的区位环境、成熟的配套设施；与在偏远地区划拨土地、集中建设保障性住房的模式相比，在商品楼盘中配建保障性住房，可以使保障房居民的居住和上学、就医等环境相对较好，同时可减轻政府完善配套建设的压力。

3
头脑风暴：保障房社区的各种可能性

如果不了解他们的生活，就赋权好了

012 方案"人民的城市"倡导社区回归传统，体现市民对城市建造的参与权及建造家园的自主权。具体营造策略为：利用开放式的营建体系建造社区整体公共框架（预制混凝土立体结构），个人或团体享受建造权。建造好的社区整体框架内，可以允许居住者在日后的生活中进行改建或增建，使社区的空间与环境处于可持续的更新状态，以符合居民生活的变化。如图 2 所示，社区内散布的小型开放空间与绿地，形成了社区内小型的聚落，其除了为社区提供公共空间外，更提供了日后增建、改建房屋的弹性与机会，使城市空间保持传统多样性，如图 3 所示。

不同收入阶层如何相邻？

采取分散的方法

美国的公共住宅项目多采用分散的方法，避免贫困群体的集中。其具体措施为：将公共住房单元划分成小组团分散规划于普通住区内。奥斯卡·纽曼（Oscar Newman）在《创造可防卫的空间》一书中运用"迷你邻里"的模式，将 200 个住宅单元分成 7 个组团布置（图 4）。他认为理想的"迷你邻里"不应超过 24 个住宅单元，数目应尽可能小，而且建

筑形式应与普通阶层住宅相协调。从城市布局层面着眼，镶嵌在城市中的城中村某种意义上提供了这种混合的作用，但从城市中单个住区规模上讲，因规模过大而产生低收入群体局部聚集现象，会带来一些社会问题，如交通的拥挤、住区内环境质量差等。

将保障性住房与商品住房结合起来开发

这种开发方式主要以市场运作为基础，将保障性住房项目和以市场盈利为目标的商品住房项目相结合。与分散布局方式相较而言，这种方式不存在因组团分散而带来的管理问题，因而被多数开发商采用，成为实现不同收入阶层混合居住目标的主要途径。保障性住房以合适的规模与其他商品房在一个较大的区域中实现混合，同时又能有一定的距离，实现"大混居，小聚居"模式（图 5）。同时，应采取"分类梯度混合居住"模式（图 6），将保障性住房与为中等收入者开发建设的中档普通商品房住区相邻，或者在普通中档的居住社区中配建（插建）保障性住房，避免收入差距过大的群体混居。[18]

同样建设品质下多样化的户型设计

混合建设的社区中，保障性住房与普通住房在建筑外观上不应该存在差别，有利于不同群体间的交往。保障性住房需要满足低收入群体的基本居住需求，户型应在规范要求下，体现多样化的设计。多样化的户型设计，能够为居住主体增加住房选择的可能性，是混合居住社区形成的物质基础，增强保障性住房混合建设方式的市场可行性。016 方案"万人居"规划采用本案"一户"竞赛单元的户型方案（图7），简单的户型外形可以衍生无数内部变化，可以

图 2　社区开放式形态与建造。图片来源："万人"规划奖金奖 012 方案

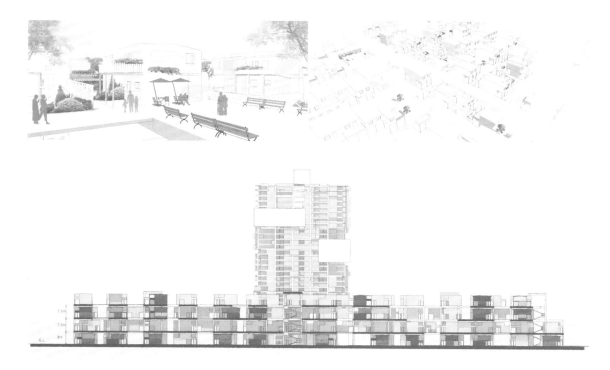

图 3　回归传统邻里街区空间形态。图片来源："万人"规划奖金奖 012 方案

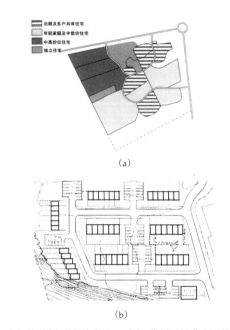

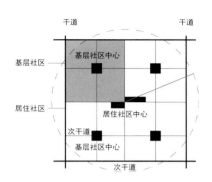

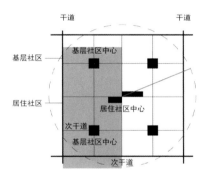

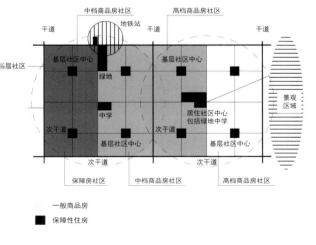

图 4 （a）社区中居住混合布局   （b）"迷你邻里"组团模式

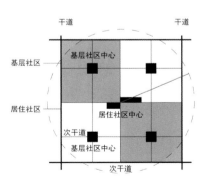

图 5 "大混居，小聚居"的规划模式

图 6 分类梯度混合模式

将每"一户"划分为功能块和空白空间两个部分。在"功能块"中，我们最大限度地纳入居住所需的所有空间类型和设施，依据人活动所需的最小高度，使其在3.4m的高度内相互叠合，见缝插针；同时留出一个松弛的"空白空间"，供居住者根据各自的需要自由分隔，享受生活的乐趣。

本案既提供了一个通过建筑师努力获得的高效的机能空间，又给居住者带来了一个自由支配的个性居所，体现出对居住者的关怀及尊重。

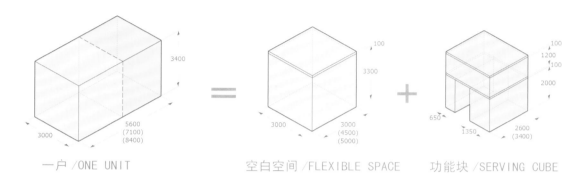

一户 /ONE UNIT　　空白空间 /FLEXIBLE SPACE　　功能块 /SERVING CUBE

图7 "一户"单元户型

实现以极少外部尺寸变化就满足多样化的居住需求。这种简单的户型可堆积成简单的多层住宅楼。

加强社区建设，促进居住融合

在社区层面上实现不同收入群体间的社会整合是混合住区建设的目的，保证不同群体的居住融合应加强社区建设。在居住区规划中，考虑社区内不同群体之间沟通与交往行为的空间要求，重视日常交往空间的设计，提供多层次交往空间。同时，在社区建设中应强化社区功能，开展丰富的社区活动，并以此为载体建立和发展社区网络，缩小居民间的社会距离，培育共同的社会观念和行为模式，增强居民的社区归属感。

092方案"空中网络"（图8），设计从平面与竖向两个方向入手，将院落空间与高层住宅在空间上进行叠合，创造三维的立体网络式公共空间体系。公共开放空间有大小和开放程度的变化，适合多种形式、多种需求的交流。首层可以进行各种商业活动，成为社区内外共同享有的公共空间。二层的设计不但考虑为住户提供各种生活娱乐休闲配套设施，还设立若干间工作室与青年旅社，为居民的创业就业提供服务机会。首层二层的医疗、社区服务、图书馆、幼儿园、老年活动室、培训班等为社区居民的生活提供相应的补充。三层平台花园以上为社区居民享用的生活性公共空间，分别在不同标高形成多个公共花园。同时在廊式建筑平面上最不利的转角处建造公共花园，设置公共服务室、公共洗衣房、公共大食堂、网吧等集中的公共服务设施。

图 8　"空中网络"效果图

图 9　"幸福城"街区生活设想

破除围墙，提供就业机会

"安居乐业"是低收入群体的最基本生活需求，能否合理地解决就业与居住的关系，是其能否稳定工作的必要条件。应考虑在社区各类空间下形成的商业业态，如社区入口空间的地摊、边界空间"破墙开店"的商业，甚至是社区街道的集市等形式。非"建筑化"的社区服务设施，有助于营造低成本的生活环境，同时为居住主体提供大量的就业机会。

002 方案"幸福城"提供一种理想城市模式（图9），底层和上层两部分对应不同功能，底层对城市开放，多为商业、混合等功能。对于现状的封闭社区，希望能拆除围墙，增加沿街商业。多功能广场、开放的中心广场功能可以是多样化的，清晨可以是早市大市场，晚上商店关门后，这里又可以是大排档的美食广场。

另外，廉租房物业由业主自管，可以解决小区内一批最低收入者的就业问题。广州包括廉租房在内的新社区将会考虑采取小区自治的管理方式，由街道居委会和小区业主委员会牵头组织，聘请小区内的低收入者来当保安、清洁员、物业管理员等，由小区业主自己管理小区，把物业管理和就业职位的提供结合起来。

现有"万人居"的改善

有学者提出"磁性社区"的渐进式更新模式 [19]：按开放吸引、共同参与、辐射生长、多元混合四个阶段，渐进推动社区混合。柔化社区边界，增加社区入口，采取"大开放、小封闭"的管理方式。以

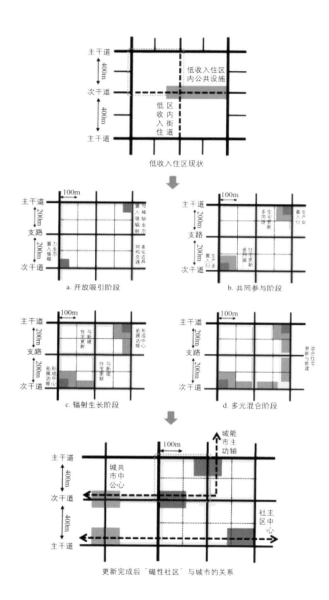

图10 "磁性社区"与城市的关系

社区基本单元（200 米 ×200 米，1 000~3 000 人）为对象，在空间和管理上向外开放（图 10）。

引入城市交通，增设社区公交站点。将城市生活性道路和公共交通引入低收入社区，使其成为城市的有机组成部分。并置入相关服务设施，除了设置为本社区居民服务的设施，还包括有衍生性及对周边居民有吸引力的城市级公共设施，以此弱化低收入住区自身弱势，吸引社会资本向社区流动，挖掘需求与区位潜力，置入高引力与高辐射力产业。形成社区中心，使其成为"磁性社区"最大的引力增长点。

设置可混合住宅类型，创造条件实现社会混合。通过更新改造或新建的方式，在低收入住区内建设一定量的不同类型住宅，增加功能衍生的可能性。如青年公寓可以吸引青年人群，从而衍生出小型家庭办公 SOHO；公寓、廉租房及旅馆可以吸引学生和暂住人口，从而衍生出文化娱乐设施及社会服务设施，如体育馆、影剧院、酒吧、就业服务等。

开放、混合和自发改变：那些有活力的低收入社区

由前文可知，内向封闭、功能单一的规划社区往往是不成功的，那究竟怎样的低收入社区才是真正有活力的成功社区呢？通过对国内外十个优秀低收入社区案例的分析或许可以得出一些线索。研究表明，这些成功的低收入社区往往选址在优良的区位，与周边联系紧密，无论是地理位置还是居住环境都有先天优势。同时社区的空间结构规划往往为小尺度，使社区以组团、街区的形式，充分融入城市之中，营造开放的社区。另外，作为低收入社区，

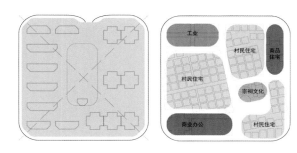

图 11　内向封闭、单一功能的规划社区 vs. 开放、有活力、混合功能的自发社区

其中多数案例通过控制贫困家庭比例，引入混合阶层，增加不同阶层的人交往的机会，逐渐减少阶层隔膜。社区功能也绝不仅限于居住，而是混合商业、教育、娱乐等多样化城市功能，同时配有满足居民需求的各种配套设施。在这些社区的建设发展中，社区居民全程参与了规划、运作和管理等一系列过程。此外，除了政府、专业人员（规划师、建筑师），民间组织（NGO）也有不同程度的参与，对于居民自发建设起到积极引导和支持的作用。这些再次印证了优秀低收入社区有着共同特质——开放、混合、自发改变（图 11、图 12）。

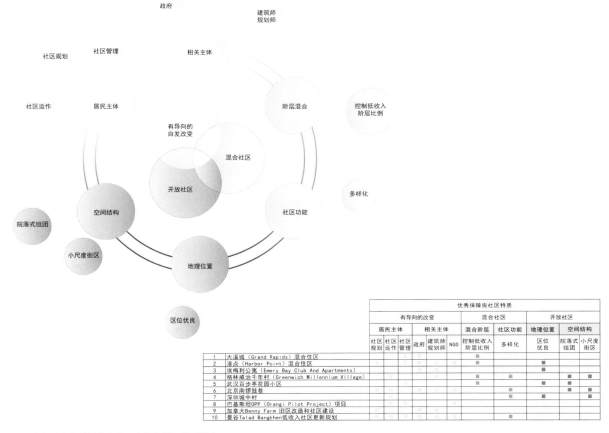

		优秀保障房社区特质						
		有导向的改变			混合社区		开放社区	
		居民主体	相关主体		混合阶层	社区功能	地理位置	空间结构
		社区规划 / 社区运作 / 社区管理	政府 / 建筑师规划师 / NGO		控制低收入阶层比例	多样化	区位优良	院落式组团 / 小尺度街区
1	大溪城（Grand Rapids）混合住区							
2	港点（Harbor Point）混合住区						■	
3	埃梅利公寓（Emery Bay Club And Apartments）							
4	格林威治千年村（Greenwich Millennium Village）				■		■	■ ■
5	武汉百步亭花园小区							
6	北京南锣鼓巷							
7	深圳中村					■		■ ■
8	巴基斯坦OPP（Orangi Pilot Project）项目							
9	加拿大Benny Farm 旧园改造和社区建设							
10	曼谷Talad Bangkhen低收入社区更新规划					■		

图 12　国内外十个优秀低收入社区案例分析及特质整合

4

原型提炼

社区规模、内外部关系及结构形态关系

众所周知，北京交通拥堵严重，早晚高峰甚至全城爆堵。这正是由于规划的社区规模过大，封闭且功能单一，市民出行只能"绕圈子"（图13）。反观欧洲中世纪传统街道尺度，社区步行路密度较高，以此打造开放的步行环境，增大了小区的可达性，居民可选择不同的步行路线回家。社区功能除了居住，还包括商业、办公、手工业、宗教文化等，并在道路边缘以小广场形式营造积极开放的空间。这样形成的开放社区具有着很强的混合度和兼容度，能充分体现社会居民与城市生活多样性的面貌（图14）。

随着中国福利制度改革、社会阶层分化、住房市场化等一系列社会经济变革，现代封闭社区逐渐成为城市新建居住区的主导模式，[20] 人们已普遍接受社区封闭化管理。在此基础上，可以将大型居住社区细分为封闭的小社区，利于促进邻里交流、居民自治，构建适宜步行的生活环境。封闭小社区最大面积以1公顷为上限，人口规模1 500人左右，容积率3~6，满足中心城区的集约密度，不会太过拥挤，也不会太过空旷，基本配套设施得以满足，同时社区围墙封闭对步行的阻隔不超过150米，形成合理的步行区尺度（图15）。

社区公共空间与公共设施模式

根据低收入人群对生活便利及就业需求的关注度，

在选址时，保障性住房应尽量在交通可达性较好、不过度奢求景观资源的区域。因此，可以在相邻封闭小型社区之间配建保障性住房形成保障性住区。如图16所示，在大型社区中按总面积的15%比例配建保障房，周边形成一个开放的公共空间用以服务整个保障房社区。在新建居住项目时，各封闭小社区在保有小区半私有花园绿地的同时，提供不少于社区总面积10%的公共空间。

社区配套应按人口比例进行多样化配备。活动中心、社康中心、邮局、花店等便民公共服务设施可在社区结合首层沿街、建筑架空层下及公共绿地转角设置，为本区和周边的居民提供丰富生活的同时加强相邻区域的融合。停车、设备和后勤等配套可在封闭的社区内提供。

社区就业空间模式

将小型社区第一层楼面改造为沿街商业，以此代替围墙来封闭社区，除了提供街边商业和本地服务就业，还加强邻里之间的街区生活。另外，在保障房周边预留一定空间，允许建设一定面积的临时建筑，给予低收入人群摆摊，增加其提供并获得低成本商品和服务的机会（图17）。

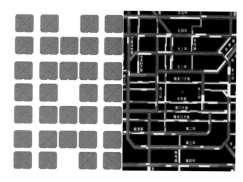

图13 北京市区早晚高峰交通分析

图 14　中世纪街道特质

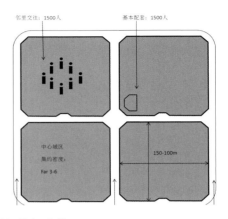

图 15　社区的合理规模

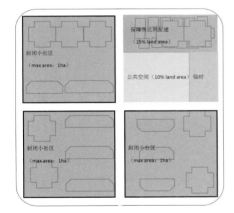

图 16　社区公共空间与公共设施模式

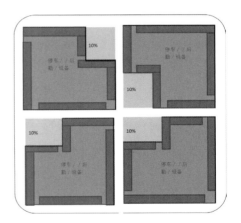

图 17　社区公共空间与社区就业模式

1. 谭玲娟. 老旧小区，路在何方？ [Z/OL]. （2014-05-09）[2015-08-15]. https://new.qq.com/cmsn/20140509/20140509010638.

2. 贵永霞. 农民工的城市认同与城市依恋研究 [D]. 西南大学，2010.

3. Morgan P. Towards a developmentak theory of place attachment[J]. Journal of Environmental Psychology, 2010.

4. 孙群郎. 欧美城市规划理论与方法对美国郊区发展的影响 [J]. 求是学刊，2013，40（1）：149-158.

5. 魏泽松，马强. 柯布西耶的"勒氏模数尺"解读 [J]. 中国建筑装饰装修，2010（12）：208-211.

6. 王昀. 面向未来 30 年的上海 | 彼得·卡尔索普对中国城市的建议 [Z/OL]. （2014-11-04）[2015-08-15]. http://www.thepaper.cn/newsDetail_forward_1275368.

7. 2011 年深圳统计年鉴：人民生活 [A/OL]. [2015-08-15]. https://gdidd.jnu.edu.cn/doc/gdtjnj/sztjnj/2011/index.htm.

8. 美国人类学者定居深圳 18 年：没有城中村就没有深圳 [EB/OL].（2013-12-18）[2015-08-15]. http://www.chinanews.com/sh/2013/12-18/5632742.shtml.

9. 道格·桑德斯. 落脚城市 [M]. 陈信宏，译. 上海译文出版社，2012.

10. 苏江丽. 美国促进低收入群体就业的政策与实践 [J]. 理论探索，2010(3)：124-127.

11. 崔绮雯. Access Code：让低收入和少数族裔也学编程 [Z/OL].（2014-04-28）[2015-08-15]. http://www.ifanr.com/news/416586.

12. 高峰. 略论保障性社区居住者的体育权利保障 [J]. 人民论坛，2013（14）：160-161.

13. 魏万青. 户籍制度改革对流动人口收入的影响研究 [J]. 社会学研究，2012（01）：152-173，245.

14. 程汉大. 弱势群体权利保障价值分析——兼论当前我国弱势群体问题的特点与对策 [J]. 山东师范大学学报 (人文社会科学版)，2006，51（1）：50-54.

15. 姚秦川. 从会所看社区配套和价值提升 [N/OL]. 西安晚报，2011-01-06. http://epaper.xiancn.com/xawb/html/2011-01/06/content_301430.htm

16. 同上。

17. 深圳规定开发商建楼须留开放公共空间 不设围墙 [EB/OL].（2006-09-21）[2015-08-15]. http://news.sohu.com/20060921/n245455408.shtml.

18. 中原地产. 深圳市保障性住房之建筑规划要点分析 [Z/OL].（2011-04-15）[2015-08-15]. https://wenku.baidu.com/view/85a7cf4dfe4733687e21aabf.html.

19. 李和平，杨钦然. 促进社会融合的中国低收入住区渐进式更新模式——"磁性社区"初探 [J]. 国际城市规划，2012（2）：92-98.

20. 宋伟轩，朱喜钢. 中国封闭社区——社会分异的消极空间响应 [J]. 规划师，2009，25（11）：82-86.

六

一户 / 空间设计：不同规模家庭的保障需求

户型设计的难度在于，设计师不比用户更了解如何高效使用面积有限的空间，特别是被住宅市场塑造了的中国建筑师。保持空间的可变性和复合性应该是保障房户型探索的重点，这样可以让用户按照自己的想法用好每一寸空间。

1
小而不当：保障房户型的主要问题

保障房建设的主要目的是满足中低收入家庭的基本住房需求，而对于用户来说，户型设计的好坏决定了住户入住后对舒适度和实用性的满意程度。传统的住宅建造方式，从设计到施工，住户不参与其中，一直处于被支配的终端，他们对于居住空间功能、面积、使用习惯等要求的实现程度只能依赖于设计师对用户需求的了解程度及施工人员的负责程度。近年来频发的保障房投诉甚至退房事件说明这种公众参与度低的模式已产生种种问题。

为什么用户退房

在看完深圳松坪山三期西区后，叶姐坐在公交车上哭了："48.63平方米的房子，使用面积大概只有28平方米，还被分成了两室一厅。卫生间放一个马桶，人进去脸贴着墙。期待三年，经过街道、区、市三级审核，四次公示，九查九核之后，好不容易领取了《选房通知书》，看到房子后心却凉了。"

"那么小的房子，使用面积又缩水严重，其中一个房间只能放一张一米的床，一对夫妻加父母和孩子这是最普遍的家庭构成模式，更何况很多家庭都是上有老下有小，这让人家怎么住？"黄小姐说。

"田先生将此次深圳松坪山保障房总结为，大房放不下衣柜，小房放不下书桌，厨房放不下厨具，阳台放不下洗衣机，卫生间冲凉要站在马桶上。"（新闻网报道节选）

一位网名为"思过的马甲"的市民在帖子中贴出了自己绘制的松坪村三期房子的平面图，和自己测算出的各个房间实际面积，计算出可用面积为28.89平方米，另外大房门前的一块面积不足1平方米，加上后总得可用面积为29.89平方米，使用率为61%；帖子里写道："建筑面积48（48.63，记者注）平方米，室内实用的面积仅仅这么大，还要搞成两房……这让人怎么住？"（天涯BBS报道节选）

房间缩水、使用率低成为用户不满甚至退房的主要原因。

为什么房子使用率缩水

使用率是指套内使用面积与商品房销售面积的比值。通常情况下，套内使用面积、套内墙体面积和阳台建筑面积三部分构成了套内建筑面积，而商品房销售面积则是由套内建筑面积加上分摊的公用建筑面积（包括电梯、门厅等建筑面积）组成。按照《深圳市住房保障发展规划(2011—2015)》及《深圳市保障性住房条例》的规定，深圳保障性住房人均住房基准建筑面积不低于18平方米，使用面积系数不低于70%。是否70%的使用率是高层小户型公寓很难通过设计实现的数字呢？我们首先来看一下市场上销售的普通商品房的数据：

侨城鑫苑（南山）一房两厅使用面积约为42.02平方米，建筑面积约60平方米，使用率70.03%。七街公馆（福田）单栋A座A15户型图，一房使用面积约为21.45平方米，建筑面积约30平方米，使用率达71.5%。color社区（宝安）一房户型使用率为72.7%，一房两厅户型使用率为74.3%。鼎胜山邻（南山）一房一厅户型使用率为73.4%。而龙悦居（保障房）二期单身公寓5—6栋，一房使用面积加上墙体面积约为23.42平方米，建筑面积35平方米，使用率66.9%，即算上墙体面积的使用率都低于 70%。综上，以商品房出售的高层建筑布局经济合理的话，使用率在 70%~80% 左右。既然高层建筑本身在精巧设计的基础上可以实现 70% 以上使用率，那么部分保障房户型未达到的原因是什么？表 1 将保障房类别的龙悦居和松坪村三期的部分户型与上文所述的商品房七街公馆和侨城鑫苑等分别进行对比。

对比龙悦居与七街公馆，在使用面积相似、空间分隔相同（都为一房一厅）的情况下，保障房的建筑面积多于商品房，说明保障房的公摊面积较大，即大家共用的电梯厅、楼梯厅、地下室等建筑面积占比过大，居住空间使用率不高。对比松坪村和鼎胜山邻等商品房，在建筑面积相似的情况下，松坪村仍然做了两房一厅，每个功能分区都做了隔墙，而商品房公寓都以一房为主，尽量节省墙体占用的空间，尽量避免复杂结构，平面布局以简单方正的长方形为主要形态。说明保障房套内空间设计本身出现了问题。

设计失误：小不是大的简单缩小

针对公摊面积过大问题，一方面政府应加强保障房项目建设过程的监督管理，另一方面也可考虑将房屋使用率作为项目验收标准。以日本、新加坡等地为例，公租房的标准通常以户型使用面积（日本面积单位"畳"）为依据，不会因公摊面积变化而有过多水分，且租户在入住时也能够比较准确地验证实际尺寸与设计尺寸有无误差，比较合理。

而本章重点解决的是套内空间设计失误问题。在使用面积较小的情况下，保障房户型设计不能仅仅按照大户型的三房设计方式进行等比例缩小，应根据用户群体的特殊需求，按需设计。根据《深圳市保障性住房建设标准（试行）》规定，最常见的三口之家户型的建筑面积约为 50 平方米，在较小的使用面积限制下，用户们的核心需求包含"我只想给孩子一间单独的房间"，那么如何设计能满足孩子与父母的独立空间要求，实现小面积大空间？此外，考虑到未来双方父母与一家三口团聚的可能性，青岛市某保障房的在线户型咨询中，以一室变两室最受关注，那么如何设计一个空间上有成长可能性的户型？另外，较低的造价也是用户考虑的问题。

表 1 商品房和保障房户型对比表

房屋类型	户型名称	使用面积 (m²)	建筑面积 (m²)	户型
保障房	龙悦居二期单身公寓 5—6 栋户型	23.42	35	一房一卫
商品房	七街公馆单栋 A 座 A15 户型	21.45	30	一房一卫
商品房	Color 社区 1、2 栋 06 号户型	25.08	34.50	一房一卫
保障房	松坪村三期	28.89	48.63	两房一厅一卫
商品房	水畔紫云阁 C 户型	29.97	39	一房一卫
商品房	Color 社区 1、2 栋 05 号户型	38.24	51.44	一房两厅一卫
商品房	鼎胜山邻标准层 B 户型	34.51	47	一房一厅一卫
商品房	侨城鑫苑	42.02	60	一房两厅一卫

2
小中见大：设计的各种可能

基于用户需求的保障房户型设计，从设计到施工，应尽可能发挥用户的自主性。但由于用户受教育水平、职业等不同，对具体的空间自主设计深度不一样，所达到的质量不一样，有时需要设计师基于自己的专业知识协助用户。根据用户参与程度的不同，本文将户型分为用户完全自建、用户部分自建和用户无参与三大类型（图1）。

用户零参与、建筑师为主体

市场上的商品房及保障房，一般情况下都是由建筑师根据开发商提出的要求进行户型设计，区别在于：由于强大的经济效益吸引，商品房的开发商往往对目标客户研究较为透彻，清楚什么样的户型更能得到市场认可；而保障房的客户群体由于较为弱势，较不容易影响规模化保障房的产品设计。而以建筑师为主体的情况下，建筑师面向个人客户的私人定制方式可以充分满足用户需求。

私人定制

私人定制的优势建立在设计师有充分的时间跟业主沟通个性化需求的基础上，从而可以明确地按照使用需求进行功能组合、家具设计、室内设计等。东方卫视《梦想改造家》系列家装节目就充分体现了私人定制的细节化设计和业主的高满意度。

在《无法成长的家》这期节目中，来自中国台湾的建筑师王平仲将占地12平方米的一间上海独立旧屋改造成4室1厅，以满足业主三代共4人的居住需求。

起初该房屋为两层，夫妻跟两岁的孩子住一楼，竹子搭的阁楼上住的是爷爷，仅用一条简易的木梯子连通两层。阁楼空间低矮，无法站立。此外，由于窗户少，房间采光差、通风差。

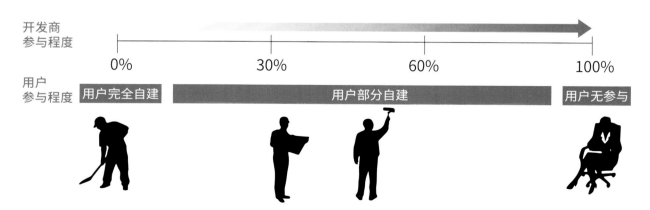

图1　根据开发商—用户参与程度的不同，户型可分为三大类型

为使狭小的空间利用率达到最高，建筑师的首要策略是进行功能空间复合，使餐厅、厨房、客厅、卧室融为一体，主要通过可变家具及定制家具实现，例如客厅的可伸缩桌子，平时可以收起来当茶几，多人吃饭时可以拉伸成长条饭桌。又如市面的椅子普遍为 75 厘米高，经过测量家庭成员身高，王平仲将这家的椅子设计成 72~73 厘米，以节省桌椅的竖向空间占有。

在造价方面，考虑到业主财力薄弱，软装修基本都靠手工 DIY，譬如旧衣服做的收纳袋。只是由于做节目的特殊性，建筑师本身收取的设计费几乎是零。如果算上设计费，私人定制的成本相对较高。

在空间成长性的考量上，王平仲考虑到孩子暂时较小，需要跟父母同住一间房，而当孩子长大时，需要私密空间。因而他设计了一个可拆卸的涂鸦板作为未来孩子与父母房间的隔板。这种隐性分隔是一房成长为两房的有效手段。

这种"私人定制"的方式让建筑师深入调研，并与家庭中的每个用户进行充分沟通，了解实际的家庭结构、特殊需求、经济状况等方面，然后再来有针对性地设计，这样量身定制的设计才是最合适这个家庭的设计。过程中建筑师会花费大量的时间和精力去沟通，然而这种方式无法被广泛应用。在大多数的保障房设计中，用户需求无法被提前考虑，而只能被动地接受建筑师设计的产品。

用户部分参与、建筑师辅助

用户部分自建的方式可以理解为开放式住宅：建设主体提供外壳，即完成住宅结构、管道的设计和建造，内部设计由住户自行完成，或者在建筑师提供的模块选项中，住户自行选择搭配方案。用户可以在住宅生命周期的不同环节选择性参与，例如户型定制、家具组装、户型更新等（图 2）。该类型住宅建造方式需要以墙体等围护构件和配套家具的工业化规模生产为基础，从而降低用户的建造成本。下面主要通过垂直向和水平向空间组合这两大类开放式住宅来分析具体的空间设计方法。

垂直向空间组合类开放式住宅

传统的住宅层高一般不超过 3 米，而复式房型也是按两层层高来做，但基于人体工程学及居家行为习惯来说，不一定所有的活动空间高度都需要 3 米，

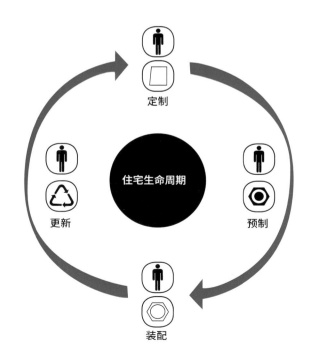

图 2　用户部分参与、建筑师辅助

例如睡眠空间及储藏空间等。031 方案"35 平方米可能性住宅"建议将单纯的睡眠空间、储藏空间层高调整为 1.6 米，卫浴、书写空间高度调整为 2.0 米，客厅及餐厅层高则调整为 3.6 米。通过前两种空间层高叠加及与第三种空间的组合，将保障房的层高提升为 3.6 米，用户可根据自身情况自行选择分隔成一层或两层。对这类保障房，政府只需提供一个含有内、外围护结构和预设管道的"空盒子"，并提供与之相应的特殊尺寸的家电及家具组合。

在空间成长性方面，住户可以通过选择不同类型的内围护结构、家电和家具组合来选择不同类型的家居生活。也可根据家庭人口变化，从单人家庭变为三口之家乃至三代同堂，小户型顺利完成从一房逐渐升级为两房、三房的过程。在该演化过程中，保障房住户自己就是自宅建筑师。

水平向空间组合类开放式住宅

除了在垂直方向空间上进行不同尺度空间的组合，水平方向也可以由不同空间进行组合。鉴于不同用户自行组合精巧设计的空间能力不一，可考虑从充分发挥住户自主性到住户只需挑选预设的空间组合模版的多种可能性。

在水平向的空间划分上，016 方案"二元微宅"将每"一户"划分为功能块和空白空间两个部分。在 3.4 米高、2.6 米进深的"功能块"中最大限度地纳入居住必需的所有空间类型和设施，依据人活动所需的最小高度，使其在 3.4 米的高度内相互叠合，例如睡眠空间为 1.2 米层高，卫生间、厨房空间为 2 米层高；在空间成长性考量上，留出的高 3.4 米、进深 3 米"空白空间"，可供居住者根据各自的需要自由分隔，

自行家装。不过由于"功能块"空间的固定睡眠空间最大只是双人床，成长为三口或以上家庭时，需要对"空白空间"进行上下分隔以得到更多睡眠空间，这种内部更新需要住户自身对 DIY 家装比较感兴趣且具有较强动手操作技能和快速获取知识的能力。

此外，在平面空间划分上，还可以考虑一户与周边几户关系重建的可能。由于传统的用于出租的保障房住户只能在选房之初选定需要的大小，且用户迁出迁入的流动性较强、时间较短，例如可能某一时段单身租客较多，某一时段家庭租客较多，这种时候若每户与左右、前后甚至上下临户都较容易改造成一户，可使保障房的产品提供更富弹性。

在 191 方案"易变"中，建筑师苏运生认为："一个可以逐步成长、容易转变的空间时间体系，在时空产权边界上的部品要考虑如何积极地促进空间单元的连通和断开。""易变"方案不但考虑了平层连通，而且考虑了通过户外楼梯和上下左右甚至斜向空间连通的可能性，使保障房从一个静态建筑转变为具有充分灵活性的、鼓励和关怀住户成长可能性的空间。

在这种体系下，政府分别提供盒子（住宅结构框架）和内胆，方案将一户的内胆产品拆分为外墙组件系统、功能墙系统（包括能源、水、引擎系统和信息娱乐系统等）、垂直交通系统等。盒子本身由四个大小不一的长方体组成，这种立体空间组合可为多种家庭组成提供可能。例如对于单身家庭，用户只需占用其中一大一小两个长方体；对于三口之家，可占用相邻的两大一小共三个长方体，也可以使用户外楼梯部件连通上下两个盒子里的长方体以生成更多房间。

031 方案 "35 平方米可能性住宅"

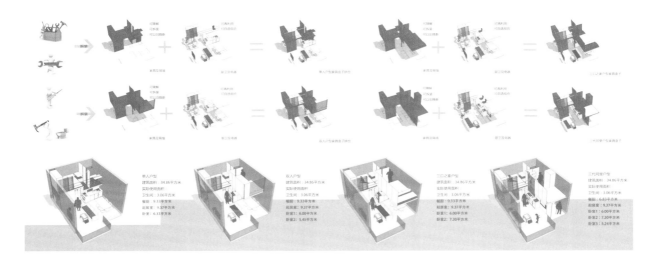

016 方案 "二元微宅"

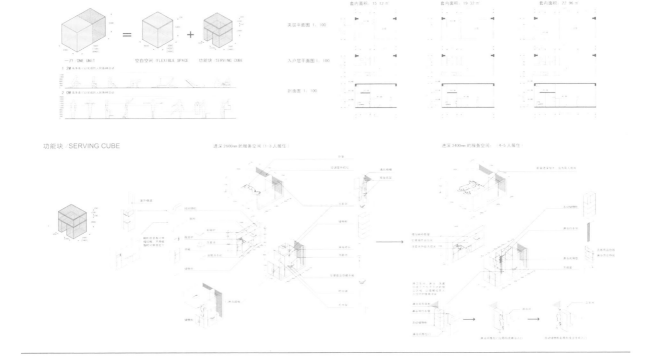

只是，在该方案中，室内设计的部分（包含部品构建标准化设计）需要大量的人力投入对入住租客或保障房管理人员进行培训，从而在户型从一户成长为三户的过程中，帮助用户合理选择和组装自己的"盒子"。室内设计菜单化系统，是居室装修部件化系统中的重要组成部分，也是实现居室装修产品化、满足住户多样化需求的一种技术支持。该系统可以为每一种户型提供多样选择的室内设计方案，对"大开间"的户型，还可设计出不同的房间分隔方式。每个方案一般包括居室装修阶段所需一系列的界面装修部件（包含顶板、墙板、地板、固定家具、连接与固定件等）、装修装饰材料、设备等的选配计划。在此基础上还可提供与居室装修相配套的家具与陈设等配置设计方案，完成建筑的终端设计。

而在 033 方案"深圳 1.25"中，为避免用户自行组装家具、分隔空间的复杂化，采用了最简单的方式，即针对纯出租的政府廉租房，采用拼住形式。所有租客有公用的客厅和厨房。针对单身（双人）公寓，户型的设置有两类——独立的单身（双人）公寓以及拼住部分的出租房。户型的使用也有两种方式，政府廉租房（包括公寓）和业主购买整套作为自住公寓，由户主自行出租。针对人数更多的家庭，如三口之家、三代同堂之家，可出租的部分比例较少。

平面空间组合上，除了增加与周边户型的连通性之外，户间隔墙并不一定是固定状态，也可以成为用户与邻里在进行彼此的户型设计时的沟通桥梁。

在 108 方案"户间"中，通过邻里两户共同决定户间隔墙的设计将小户型的个性化需求和邻里交往两个问题进行整合解决。该方案不设计完整、确

191 方案"易变"

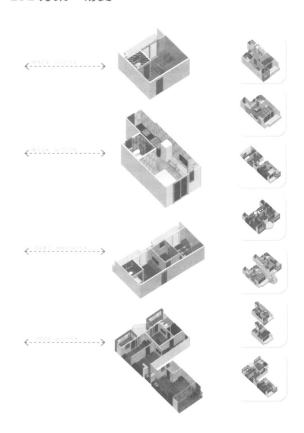

定的户型，仅提供一套"户间"的边界策略库，供住户根据自身需求自行选择，使住户们的个性化需求得以最大化地满足。方案先确定一个虽小但又不乏多种可能的住宅单元，以此可建立一个框架结构的住宅楼。该大楼只修建主体结构、管道系统和外围护，而没有内部分隔。每位住户在购房或租房时先获得一个初始的标准矩形单元，然后通过保障房的租售网站或者租售中心了解各种分户策略和相应的参考户型，初步确定自己的理想户型，并利用网站或中心登记自身的户型信息，同时搜索与自己匹

033 方案"深圳 1.25"

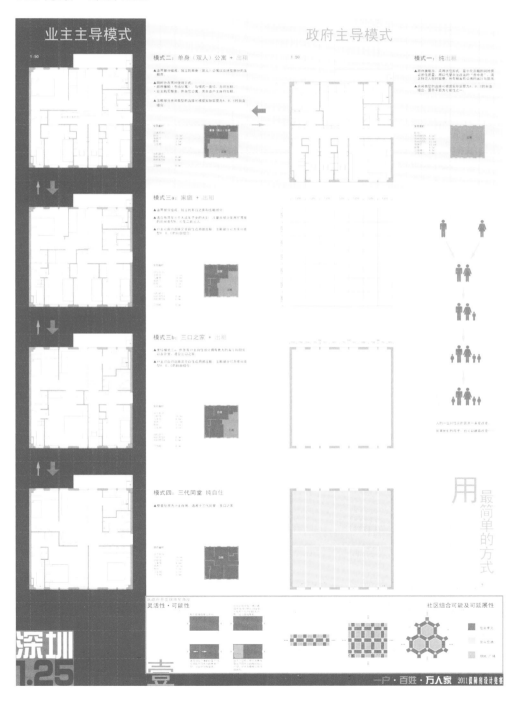

108 方案"户间"

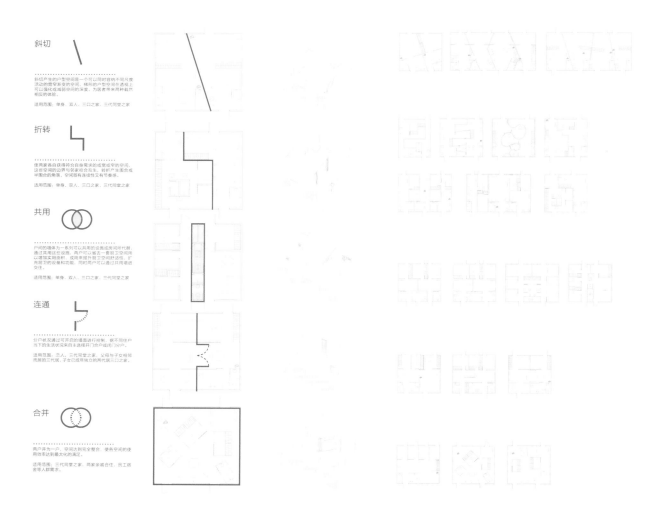

斜切

斜切产生的户型空间是一个可以同时容纳不同尺度活动的宽窄多变的空间。梭形的户型空间在透视上可以强化或减弱空间的深度，为居者带来两种截然相反的体验。

适用范围：单身、双人、三口之家、三代同堂之家

折转

使两家各自获得符合自身需求的或宽或窄的空间。这些空间的边界与邻家咬合互生，转折产生围合或半围合的角落，空间既有连续性又有节奏感。

适用范围：单身、双人、三口之家、三代同堂之家

共用

户间的墙体为一系列可以共用的设施或房间所代替。通过共用这些设施，两户可以省去一套额外空间以减少实用面积，或用来提升到卫空间的舒适性。扩充家庭的设备和功能。同时两户可以通过共用墙进行交往。

适用范围：单身、双人、三口之家、三代同堂之家

连通

分户状况通过可开启的墙面进行控制，按不同住户当下的生活状况来自主选择开门门合或门分户。

适用范围：恋人、三代同堂之家、父母与子女相邻而居的三代家庭、子女已成年独立居住的两代三口之家。

合并

两户并为一户，空间达到完全整合，使各空间的使用效率达到最大化的满足。

适用范围：三代同堂之家、两家亲戚合住、员工宿舍等人群需求。

配的潜在邻居，通过协商最终确定自己与邻居间的边界形态，进而生成自己的户型，也找到了"合得来"的左邻右舍。在这个过程中，建筑师的专业知识不但体现在通过设计户间策略和参考户型帮助无设计经验的住户方便、高效地 DIY 自己的家，而且体现

在设计了一种社交方式，加速社区和邻里意识的建立。设计内容由设计具体的实体空间结果，转换为设计简单的游戏规则，而由居住者自行决定最终的空间结果。通过这个转变，我们获得了一种存在多种可能性的、开放的保障房设计，以有限的空间策

略获得超越常规界限的空间组合，并使设计成为社区建构的推手。

用户完全自建、无建筑师参与

用户完全自建的方式虽然能够充分体现居民的空间需求，且造价可由用户自控，但不可否认，仍然存在消防安全等隐患，有时也会存在通风、采光等方面的问题。若结构工程师能基于此提供一些帮助，例如协助建造一个合理的承重结构，提供一些材料选择上的建议等，可有效提高居住质量。

以香港天台屋为例，超过半世纪以来，在高楼大厦天台上自建的住房，已是香港历史不可或缺的一部分。这些天台屋的规模，从弱势居民的简单栖身之所，到由多层建筑组成并备有现代生活所需不等。

从防火间距、日照要求等建筑标准来说，天台屋毫无疑问不合规格，但其建造过程很典型，他们同样会先把概念绘成建筑图，然后按图筑起，接着有人买这些单位入住。这种建筑的发展已超过四五十年，每个单位随着屋内住的人数、居民收入的不同而逐渐改变。天台屋单位都是按照居民自己所需而建，很少相同，这与一般规模住宅单位相比，更具个性。[1]

3
原型设计

本章主要探讨了如何在小面积内营造大空间，使其具有空间成长的可能性。具体总结出以下几种设计手法原型：

功能混合

一个空间同时具有起居室、卧室等功能，具体通过可变家具（如折床、桌椅）实现。可变家具可以灵活地改变整个住房空间，比如一个空间早上、中午是起居室，但把沙发变成床、长桌收缩为单人床头桌后，这个空间就成了晚上的卧室（图3、图4）。

可变高度

竖向空间比传统层高略微高一些，使其有分隔为两层空间的可能性。具体通过可拆卸、可移动的楼板实现。例如3.6米层高的单身公寓可以转变为拥有两间卧室的三口之家，只需要将厨房、卫生间等功能空间控制在2米层高，其上1.6米层高可以成为睡眠空间、储藏空间等（图5）。

隔墙取消

保障房只提供房屋的承重结构框架和部分功能模块（包括洗手间、厨房等），取消传统的固定隔墙，实现室内空间的任意变化，甚至可以让相邻两户决定公用的户间隔墙形态，让用户成为自己的家装设计师（图6）。

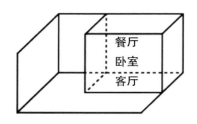

图 3　功能混合示意图

图 5　竖向空间的利用示意图

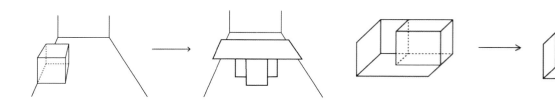

图 4　可变家具示意图

图 6　取消传统的固定隔墙，实现室内空间的任意变化

1. 林意生. 站在天台上，看香港旧区风光 Z/OL]. （2009-10-01）[2015-08-15]. http://paper.wenweipo.com/2009/10/01/OT0910010001.htm.

七

产品实施

设计思维的特点是将产品的实施和成本也要完全考虑进来。迅速发展和形成惯性的中国建造业其实还基本停留在现场泥水活的阶段，并且无法针对用户的可支付能力来控制成本。未来的方向，一方面是框架结构的标准化与工业化制造，另一方面是个性化的定制或自主建造，而这两者能可持续发展甚至融合的前提，都是在成本上要更有竞争力。

1

成本控制：我们还会便宜建造吗

房价与支付能力的落差问题

市场商品房价格的形成，素有"成本决定论"和"供求决定论"两种观点。但保障性住房是服务于中低收入阶层，租售价格要介于成本和市场价之间，要做到保本微利，既要考虑投资建设者的资金回收与合理利润，又要考虑保障对象的支付承受能力。因此就保障性住房而言，由于其社会保障的性质，以上两种价格确定方法不完全适用。目前中国保障性住房价格的制定主要从成本角度考虑，或按照周边商品房的价格进行调节。在这种情况下，保障性住房价格的制定容易脱离居民住房支付能力，进而可能带来应受益群体需求的挤出风险。[1]这也导致了一边有人没房住，一边有房没人住的保障性住房空置现象的日益严重。以北京为例，北京市对于廉租房、经济适用房、公共租赁房和限价商品房这四类住房的价格制定政策各有不同，保障性住房价格的制定首先主要依赖"成本决定论"，即以出租和建设成本为基础，其次考虑市场租金和普通商品房价格进行调节，只有廉租房和公共租赁房的租金明确指出应考虑供应对象的收入水平和支付能力。

在《住房支付能力视角下北京市保障性住房价格研究》中，作者查询2011年中国统计年鉴，得出2010年北京市经济适用房均价为4 520元/平方米。此价格若对应于北京市经济适用房申购标准，刚刚超过3 000～4 500元/平方米的上限，应勉强可以

接受。但若对应北京市低收入户的收入情况，此均价过高。

限价商品房价格在北京市没有明确统计数据公布，根据焦点房地产网公布的相关信息，计算其均价为6 336元/平方米，若对应于计算出的限价房申购标准4 667～7 067元/平方米，虽价格偏高，仍较为合理。但对应于中等收入户的供应对象，该价格脱离了其住房支付能力。根据网络数据调查，2013年北京经适房售价基本在7 000元/平方米以上，与上述2010年相比增加54.8%；限价房在10 000元/平方米以上，与上述2010年相比增加57.8%。而2013年城镇居民的人平均可支配收入与2010年相比仅增加了38.6%（表1）。房价与收入的增长速度不相匹配，保障性住房价格与供应对象的住房支付能力的差距越来越大[2]。

另一方面，定价不合理导致了保障性住房购买门槛高。一些购房者认为，对于低收入群体而言，保障房价格依然偏高，他们根本负担不起，而有经济能力的购房者又不具备购买资格（表2—表3）。2012年北京申请经济适用房的两口之家，家庭年收入须不足36 300元。这意味着人均月收入不足1 513元的家庭才有资格申请经适房，而当年北京市最低工资标准在1 260元。这一方面决定了具有购买资格的家庭购买力十分有限，另一方面又导致部分低收入家庭被申请保障房的收入门槛绊住。"不努力，买不起房，可你努力工作了，就超标了，保障房大门关了。我就没搞懂，政府花这么多钱盖房子，究竟想不想让人住进去？"家住北京西城的侯先生，两口子前几年的年收入不到36 000元，与父母挤在40多平方米的房子里，本来符合北京市经济适用房

表1　北京市城镇居民平均每人年可支配收入对比表（按收入水平分）（单位：元）

时　间	全市平均	低收入户20%	中低收入户20%	中等收入户20%	中高收入户20%	高收入户20%
2013 年	40 321	18 514	28 312	35 479	44 631	71 914
2010 年	29 073	13 692	20 842	25 990	32 595	53 739

资料来源：北京市统计局

表2　2013 年北京市限价房申请收入标准

家庭人口	家庭年收入	人均住房使用面积	家庭总资产净值
3 人及以下	8.8 万元及以下	15m² 及以下	57 万元及以下
4 人及以上	11.6 万元及以下	15m² 及以下	76 万元及以下

资料来源：北京市住房和城乡建设委员会

表3　2013 年北京经济适用房申请收入标准

区县	家庭年收入和资产情况（万元）									
	1 人户		2 人户		3 人户		4 人户		5 人户	
	年收入	资产	年收入	资产	年收入	资产	年收入	资产	年收入	资产
城六区	2.27	24	3.63	27	4.53	36	5.29	45	6	48

资料来源：北京市住房和城乡建设委员会

的申请条件。可这两年因工作努力，侯先生月薪增加了 200 元，一下子被踢出了申请队伍。"要是让我去马驹桥、去大兴，我都愿意。怎么就把我们这样的拒之门外了呢？"[3]

　　而在深圳则出现了买了经济适用房却空置的现象。在罗湖区工作的徐小姐，一月 5 000 元左右的工资，丈夫无固定收入，于 2011 年以家庭为单位成功申请到一套 58 平方米的保障房，总价 30 多万，均价 5 千左右，首付 10 多万，申请 20 年房贷期限，月供为 1 500 元左右。徐小姐表示，每月要支付 1 500 元左右的月供和 150 元左右的物业管理费，再加上生活、教育、医疗等支出，已没有能力存钱来进行装修。所以房子不得不空置了大半年。[4]

　　根据 2013 年深圳保障性住房申请标准，保障性住房供应对象对应到 2012 年人均收入统计数据则为最低收入至中低收入家庭平均每人年可支配收入为 15 927~28 645 元，月平均收入为 1 327~2 387 元（表4—表5）。深圳市住建局网站公布 2013 至 2014 年保障性住房均价在 5 227~7 932 元／平方米（表6），这虽然相比于市场上的商品房价格优惠了很多，但对于最低收入至中低收入家庭价格还是偏高，后续房屋装修与银行还贷也存在一定压力。

价高因素之一：建设成本的上涨

保障性住房的建设成本作为价格决定的主要因素，受到了社会各界的关注（图 1）。根据调查发现，

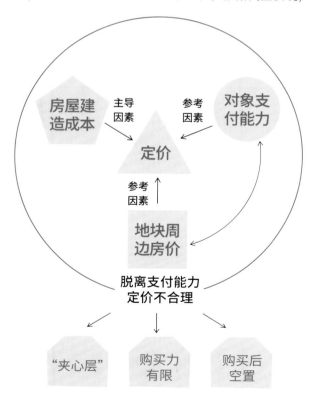

图 1 影响保障房定价的因素

近年来保障房建设成本不断上涨。如何降低保障房建设成本，成为各地政府首要解决的问题。

以深圳为例，根据深圳市住建局统计数据，2013年度计划基本建成保障性安居工程项目 3.02 万套，实际基本建成（含竣工）约 4.27 万套，建筑面积约 270 万平方米。2013 年度，全市保障性安居工程项目建设完成投资约 121 亿元。依照此数据计算，2013 年深圳市保障性安居工程平均建设成本为 4 481 元／平方米。而 2013 至 2014 年深圳销售型保障性住房均价在 5 227~7 932 元／平方米，其建设成本占售价的比例为 55%~85% 之间，由此可见，保障性住房的成本对其价格影响较大。

目前，中国保障性住房采取由政府无偿划拨土地、政府融资建设，或者政府提供土地、吸引企业出钱参与建设的模式[5]。在建设中多采用传统设计与现场施工的方式。中国的建筑业现在仍然是一个劳动密集型、粗放式经营的行业，还在依靠大量的人力来完成建筑施工。传统的建筑方式中，建筑施工企业层层转包的行业现状，加之不断加码的土建成本、原材料成本、人力劳动资源，以及超负荷的建设总量，导致保障房建设成本上涨。这必然会影响到保障性住房的定价，使得保障性住房的价格与保障对象支付能力之间的落差日益增大。如今在保障性住房大规模建设的要求下，如何才能既保证建设质量又降低建设成本？

价高因素之二：缺乏降低成本的设计策略

保障房建设的工程造价直观上是取决于施工阶段，而实际上人力、财力、物力等的投入也受到前

表 4　深圳市城镇居民人均收入基本情况（按收入水平分）（2012）

项　　目	全市平均	最低收入户	低收入户	中低收入户	中等收入户	中高收入户	高收入户	最高收入户
平均每户人口（人）	3.21	3.71	3.46	3.27	3.26	3.08	2.83	2.75
人均家庭总收入（元）	45 424	18 703	25 413	31 758	41 889	55 031	72 671	113 566
平均每人年可支配收入（元）	40 742	15 927	22 706	28 645	37 081	49 143	65 358	10 4626

资料来源：深圳市统计局

表 5　深圳保障性住房申请标准

年份	家庭人均年可支配收入	家庭总资产
2007 年	2005、2006 连续两年低于 23250 元	不超过 28 万元
2010 年	2008、2009 年连续两年低于 26529 元	不超过 32 万元
2013 年	2011、2012 年连续两年低于 33546 元	不超过 38 万元，（单身居民不超过 32 万元）

资料来源：深圳市住宅售房管理中心

表 6　2013—2014 年深圳市保障房价格调查表

项目名称	面积（m²）	平均价格（元／m²）	总价（元）
香林世纪华府	84.22~84.9	6270.3	529 102.6
"爱心家园"	64.35~65.39	5227.3	336 799.4
招商锦绣观园	61.19~64.12	7932.6	500 878.3
西乡安居家园	89.34~89.84	7387.1	660 728.2

资料来源：深圳市住房和建设局

期方案设计环节的影响。设计环节中的各项策略不仅具有技术性，也包含了科学性和经济性，如建筑结构形式、建筑材料、建筑单元组合、建筑平面形状、层数、层高、户型等，都能够影响设计方案的经济性、项目的建安与运营情况。科学合理的设计策略也是成本控制的重要途径，比如说减少因建筑造型而产生的复杂结构，提高标准层使用系数，合理的交通组织和停车位布置，设备用房布局优化，采用合理的窗墙比，等等。

设计方案是否合理直接影响到建设费用的多少，建设工期的长短。但在设计阶段，不少设计人员的成本意识较弱，重技术、轻经济，任意提高安全系数或设计标准，而对经济上的合理性考虑得较少，缺乏对降低成本的设计策略研究，从根本上影响了项目成本的有效控制。例如：为满足采光通风等要求，多个小户型安排在同一层，多数还是采用传统的长走廊、户挨户的形式。在同一楼层户数增多的情况下，会造成楼道面积加大，形成较大公摊面积，增加建设成本。除此之外，目前多数保障房的设计只考虑简单的规划设计与建筑设计，有些还是简单商品房套型缩小的设计，缺乏对建筑的可持续性与节能环保措施的考虑，这一方面也提高了建筑的维护成本。设计还存在空间的不合理与使用率不高的情况，也为住户产生了二次装修的成本，同时产生建筑垃圾形成浪费。这种设计不合理所造成的浪费，显然是因为对工程的各种经济指标不够重视。因此，在设计阶段形成有效地控制成本的设计策略对项目经济性的影响是极其重要的，在保证物业正常使用价值的前提下，尽可能地降低建造成本，实现效用最大化与成本最小化。

三种建造方式的成本比较

现有方式——传统劳动密集型生产

目前，中国建筑业的生产仍采用传统的建造方式，将设计与建造环节分开，设计环节仅从目标建筑体及结构的设计角度出发，而后将所需建材运送至目的地，进行露天施工至完工交底验收。施工方式为传统的现场混凝土浇筑，由缺乏培训的劳务工人手工作业。这种劳动密集型的生产方式，虽然提供了大量的就业机会，但在生产过程中还是存在诸多问题。例如现场施工条件差、耗费人工多、管理难度大；工程质量难以保证，建造速度慢；现场建筑材料和水、电资源浪费严重，而且产生大量的建筑垃圾等问题日益明显。

近几年来，由于能源供应紧张、市场需求增长等原因，钢材、水泥等主要建筑材料价格波动幅度较大，造成在建工程项目的施工成本也随之波动。同时，建筑业属于劳动密集型产业，劳动力成本对建筑企业经营成本影响较大。随着经济发展，中国逐步进入老龄化社会，熟练和半熟练技术工人越来越缺乏，人员流动性大，劳务市场出现有效供给不足的现象，人工成本逐年增加，迫使工程成本增大。

工业化极端——标准化、工业化生产

目前保障性住房具有面积小、数量多、户型标准相对统一的特点，在保障房建设规模巨大的时期，采用工业化的方法进行建设是降低其建设成本的良好方式。利用先进的工业技术，通过设计标准化、构件部品化、部品生产工厂化、现场施工装配化，以工业化的方式生产住宅，大幅度提高劳动生产率，

全面提升住宅质量，实现节能、节水、节材、节地和环保，降低住宅生产成本。

中国传统的住宅建设方式效率低下，建筑工人产量仅为 28 米^2／（人·年）左右，发达国家可达 150 米^2／（人·年）左右。标准化预制构件的生产不受季节和天气影响，也不像传统施工受作业面的影响只能串联施工，可加快工程进度，比传统施工方法可节约工期 30% 以上。同时住宅的构件部品在工厂批量生产，现场施工实行高度机械化装配，施工只需要少量的工具式模板和支撑杆，可以节省 80% 的脚手架和模板，建筑材料的损耗率下降 80% 以上。[6]

然而，中国的住宅工业化建设仍处于发展初期，因受到技术、经济与政策等方面因素的制约，发展速度较为缓慢，无法达到降低生产成本的效果。

技术方面：中国住宅产业化发展中存在诸多问题，如统一的模数协调系统不完善，预制混凝土设计规范不全面，标准化构件目录不健全，工业化体系下的构件质量验收标准和安装标准缺失，构件材料的认证、淘汰制度不完善，标准化、系列化、通用化的住宅部品等生产跟不上建筑体系集成的要求，质量认证体系不健全，等等。[7]

有数据表明，中国的劳动生产率只相当于先进国家的 1/7，产业化率为 15%，增值率仅为美国的 1/20。住宅部品产业化水平差距更大。当前，中国商品化供应的住宅部品为 5 000~6 000 种，系列化产品不到 20%，而美国已达到 50 000 多种。[8]

经济方面：建筑工业化发展的初期成本比较高，在年使用成本和日常维护方面，工业化住宅比传统的住宅成本低。中国在发展建筑工业化的初期，技术研发、预制构件企业建设、机械设备投入、模板摊销等费用都会比较大，再加上额外的研发费用、运输费用，使得工业化住宅的初始成本高于传统住宅，进一步影响这种住宅的市场需求，降低开发商研发和推广的积极性。像日本这样的住宅产业体系完善的国家，预制率越高，平均成本越低。而在我国，按现阶段的产业链情况，预制率越高，成本则越高。相对于工业化设备和建筑材料而言，国内人工成本更为便宜，而工业化恰好对设备材料要求较高。据统计，日本建筑人工费基本上占到建筑成本的 50% 左右，我国香港的比例则为 30%~40%，而内地仅占 16%~17%。与发达国家不同的是，中国人力成本相对低廉（图 2），推行住宅产业化后，每平方米的造价比传统方式反而高出 350~500 元。北京市城建技术开发中心住宅产业化促进室主任李禄荣指出："在住宅产业化全面推广之前，开发商的土建成本要比采用传统方式增加 20% 左右。"

政策方面：目前国家在住宅产业化方面制定了一些鼓励政策，但对开发商来说实质性的吸引力不足，可操作性与执行效率均有待提高。如针对制约住宅工业化深入发展的成本问题，2010 年 3 月底，北京发布《关于推进本市住宅产业化的指导意见》，提出开发单位申请采用产业化建造方式，将在原规划的建筑面积基础上，奖励一定数量的建筑面积，奖励面积总和不超过实施产业化的各单体规划建筑面积之和的 3%。对于奖励部分的建筑面积，开发商要按照政府审定的楼面毛地价缴纳土地价款。但 3% 的奖励力度与增加的 20% 的成本相比还是具有一定差距的。相较而言，日本早在 20 世纪 70 年代就制定了"住宅生产工业化促进补贴制度""住宅体系生产技术开发补助金制度"等政策，用于鼓励工业化住宅生产，通过

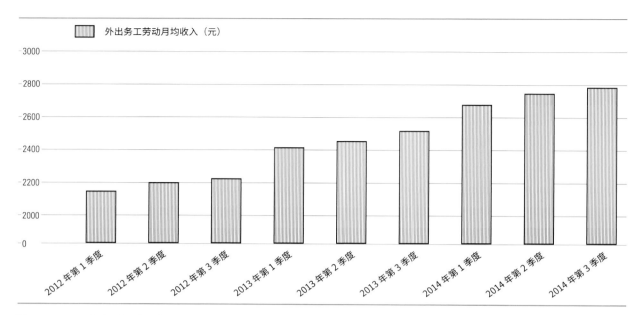

图 2　2012—2014 年中国外出务工劳动力月均收入（元）。资料来源：国家统计局

对新技术、新部品的研发和使用给予长期低息贷款等，引导企业的经济活动与政府计划目标相一致。再如我国香港，将使用预制外墙、征收建筑垃圾费、部件通过 ISO 质量认证作为强制措施，同时采用露台、空中花园、非结构预制外墙面积豁免优惠等，因政策简单有效，同样吸引着私营开发商投身工业化住宅建设。

自由化极端——住户 DIY 自主建造

　　与工业化的统一建造相反的则是居住用户通过 DIY 方式自主建造住宅。用户通过自主设计建造来完成满足自身需求的住宅，还可通过不同材料与建造方式的选择来使得房屋造价能够在自身财力的承担范围之内。对于住户来说，这是一种完全自由、按需选择且能承担费用的方式。它与千篇一律的标准住房形成鲜明反差，极易形成色彩鲜明的多样个体。然而，完全由住户 DIY 建设的方式自由度过大，缺乏整体的统筹与公共利益的维护，易导致公共空间缺失、配套设施不足、存在安全隐患等问题。在现行的城市规划中，这种极端自由化的自主建造方式往往被冠以"违建"的称号，成为城市管理的顽疾。

案例一：八旬老太陈佩君的手工城堡

　　2005 年，首届深圳双年展上展览的八旬老太太陈佩君用多年捡拾回来的垃圾建材自己建成的"城堡"（图 3、图 4），便是一个独特的自发建设的案例。"城堡"没有使用一根钢筋，全部用砖头、黄泥、木板废料等手工建成。"城堡"共 4 层，占地面积 60 平方米左右，高约 10 米，"身体"下宽上窄，呈圆柱状。城堡的每层两侧分别修有上下通道，通道还分岔口，分别通向不同的房间。整个城堡没有方正的断面和棱角。然而 2007 年，"怪异""年长"的城堡一直被旧村的其他居民冠以"危房"的名号，拆除的呼声不绝于耳。慢慢地，城堡成为了旧村里特立独行的地标，邻居在城堡周边盖起了新的房子，城堡的地基渐渐遭到破坏。直到有一天，不堪重负的城堡发生了塌陷。

图3　八旬老太陈佩君的手工城堡 1

案例二：中国台湾自发建设的眷村宝藏岩

中国台湾的宝藏岩，巷弄蜿蜒，阶梯缓坡起落，两百多户铁皮、砖瓦屋拼凑交叠，层层叠叠犹如燕巢。几百年前漳州、泉州移民在此建庙"宝藏岩"，后以庙名命名此地。1949 年后，一些从大陆来的老兵们在此开荒造屋，营造出一片栖身立命之所，形成一片自发营建的居住村落。

几十户的眷村规模，成为近似隔离的单一小区，这一特性让同一眷村内居民互动密切，其文化氛围自成一格，社区内非常团结。但由于自发建设缺乏统筹考虑，存在生存空间狭小、公共设施缺乏、建设落后等现象。同时住户自行加盖的做法也衍生环境脏乱的问题，危及公共安全，加上巷弄狭小并缺乏消防设备，一旦发生火警，就很可能造成重大伤亡。眷村居住质量与环境安全已经成为小区隐忧。

和许多老眷村一样，这片难得的"宝藏"地在1997 年也因为属于违章建筑险些面临被拆毁的命运。在许多人的奔走呼告下，宝藏岩得以保留，并成为中国台湾唯一由眷村演变而成的艺术村。

三种建造方式的比较见表 7、图 5。

图4　八旬老太陈佩君的手工城堡 2

表 7　各类建造发展方向一览表

	完全工业化建造	传统建造方式	完全住户 DIY 建造
发展方向	工业化极端	现有方式	自由化极端
优势	• 加快工程进度 • 节省工程材料 • 降低工程造价 • 节能环保	• 初期成本不高 • 易于立刻投入生产建设	• 满足住户需求设计 • 按需控制成本
劣势	• 初期投资成本大 • 需要技术研发支持 • 需要机械设备与模板的投入	• 成本受人工影响 • 易出现质量问题 • 施工周期长 • 产生大量建筑垃圾	• 缺乏整体统筹布局 • 缺乏公共利益的考虑 • 无配套设施的建设 • 缺乏安全保障
制约发展因素	• 尚属于发展培育阶段 • 模数系统不完善 • 初期投入成本高于传统方式 • 鼓励政策较少		• 市场的主导方向 • 政策制度的管理 • 现行城市规划制度的限制

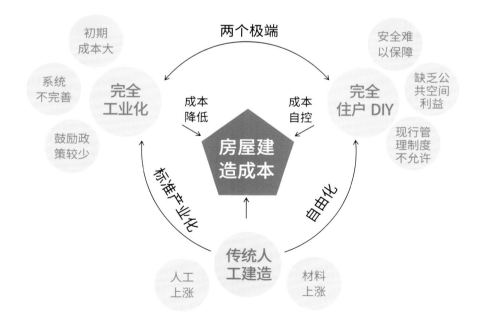

图 5　三种建造方式比较

2

未来建造思考的方向：解决房价与居民支付能力的落差问题

主导目标——为供应对象钱包考虑的设计

上述在保障房分配过程中出现的"买不起"或"买了却空置"等社会现象，实质是保障房价格与供应对象支付能力之间的落差问题。解决这一问题，是做到保障房真正能够保障中低收入家庭的住房需求的关键点，也应该是未来保障房建设的主导方向。这就需要以供应对象的支付能力为出发点来进行设计与建造，通过提高供应对象支付能力、控制保障房建设成本、降低保障房价格来逐步减小价格与支付能力之间的落差（图6）。

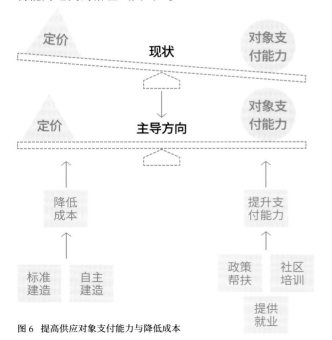

图 6 提高供应对象支付能力与降低成本

方向一：提升用户支付能力

建设保障性住房不应只是关注社区居民的物质环境改善，还应关注社区居民的经济与社会需求。理想状态是建立一个充满机会的社区，从最开始的单纯为社区居民解决居住问题过渡到为其提供机会能够自给自足，提升用户的支付能力，减少其对政府补助的依赖。这就需要在保障性住房的政策与社区配套方面提供相应的帮助。例如，美国在 1992 年通过了第六希望计划，提高公共住房居民自给自足能力的社区支持性服务是其中的一个重要部分。在多数情况下，这些服务旨在帮助居民就业，使他们越来越少地依赖联邦补助，从而提高他们的自立能力。"第六希望计划的一大特色是其所谓的'软的一面'（softside），即规定一定比例的资金用于居民的支持性服务。法案最初规定，将 3 亿拨款的 20% 用于社区服务计划及支持性服务，包括扫盲、就业培训、日托、青年活动等。"[11]

因此，在保障房社区配套建设过程中应通过对社区居民需求的调查，由政府承担组织职能，大力发展社区支持性服务，如就业培训、图书馆、技能培训中心、活动中心等各种社区公共服务项目。还可以通过课堂授课和实践操作相结合的方式，为社区居民提供一定周期的免费培训学习，培训结束后组织学员通过国家统一认定的考试，获得相应等级证书。以这样的方式让社区住户学到一项劳动技能，提高创业就业能力。同时，结合住户掌握的技能、自身条件与本人意愿，整合所在片区创业、劳动部门就业信息资源，帮助其找到合适的就业岗位。这些措施都旨在帮助居民就业，提高受保障群体的自给自足能力，使他们减少对政府补助的依赖。

方向二：降低成本造价

在能够降低成本的完全工业化建造以及能够自主控制建造成本的 DIY 建造方式无法得到现有建设体系支持的情况下，如何解决成本控制的问题？我们以上述两种极端建造方式中的优势作为出发点，在制约因素无法回避的情况下尽量减少或避免其劣势，形成对建设模式思考的新方向，希望以此能达到降低建设成本的目的。完全工业化建造的方式因投入成本过高得不到推广，而现今国内保障房的设计模式相对单一，目前这个大量建设的时期存在一些标准模式或框架重复建设的情况，在现有经济可支持的情况下，能否考虑将这一部分进行标准工业化建设以降低重复工作的成本？住户 DIY 自发建设影响到公共利益与安全，能否考虑建立一个公共框架与制度，在保证公共利益的前提下允许住户结合自身财力与需求进行自主营造？这样既满足了公共利益需求又能达到成本控制的目的。又或者按需定制是否也是一个可行的方向？

综上所述，可以有以下两种降低造价的新建设方向：

1. 部分标准化降低重复工作成本——框架结构的标准工业化制造

部分标准化是指通过模数化的预制构件或者工业化的建造工法搭建保障房的主体框架，以降低部分建设成本，缩短大量重复建设工作的周期（图 7）。

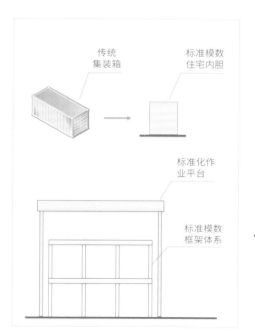
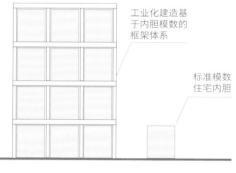

图 7 部分标准化降低重复工作成本。图片来源："综合设计"奖金奖 191 "易变"方案

"综合设计"奖金奖 191 "易变"方案：综合协调集装箱建材人体模数的框架体设计

由于住房产品实际上是由社会系统和生产体系协调完成的，而建筑师只是在他们确定的游戏规则内提供技术实现路径而已。本方案最大的特点是在保障房的制度背景下，综合协调集装箱建材人体模数的框架体设计，将公私边界重新做梳理，尽可能简化基础结构框架体的部分，将用户决策部分最大化地交还用户。

国内现有户型的面宽和进深模数相对单一，房间相对于整体户型来说，更具有代表性、规律性，可以复制叠加。我们通过对中国近五十年来的住宅房间的标准平面进行研究、叠加，形成一个"最大公约数"。再根据这个"最大公约数"，根据国内南北方气候差异、不同发展阶段水平差异、百姓生活习惯和文化差异等，衍生出多变的标准户型平面，满足居民多样化的空间使用需求。面向中低收入群体的保障性住宅设计和建造不仅要与中国整个社会经济发展水平相适应，达到生活"基本可居"的居住标准，还应以"持续可建"为出发点，满足居住家庭在使用期间家庭人口结构和居住方式的变化需求。

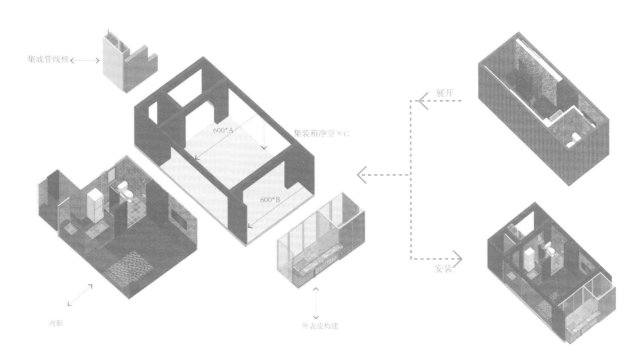

综合协调集装箱建材人体模数的框架体设计——保障房内胆

集装箱部品/部件模块化是指部品/部件符合集装箱的尺寸规格，部品/部件间可进行任意组装，部品/部件按功能分组，自身的功能和结构相对独立，内胆式系统便于物流运输。集装箱模块化设计改变了以往分散的零部件设计、组装和管理的思维方式和工作方法，是在功能分析的基础上对产品结构与尺寸的变革，它不但可以满足住宅建筑室内产品的功能要求，还解决了产品结构复杂混乱的问题，在产品设计方面具有很强的优越性。

人们对住宅建筑室内空间的使用要求要通过具体的部品/部件来实现。模块化内胆产品是由模块构成的，模块是由许多部件组成的相对独立的功能单元，通过标准的接口设计来实现多样化的组合。通过模块的不同组合，就可以创建不同的住宅建筑室内产品，满足住户的

多样性和可变性的使用需求，可以有效地解决部品/部件标准化与使用多样化之间的矛盾。集装箱尺寸的大型部品/部件通过屋顶的吊车系统提升至住户外墙直接安装，从而建立了一整套的从部品商—总成厂商—物流—安装—未来回收的产品生命历程的物流体系。建造过程只是物流过程的一个阶段而已。事实上，从外墙安装大型的部品/部件还有一个很关键的原因就是为了未来成套的智能化家居能够进一步地在公租房内升级。智能化家居主板墙、整体水墙、住宅引擎系统、大型LED天花、阳台热水和地板热水系统、整体衣柜、智能化试衣镜等组件，这些原来受制于住宅电梯尺寸而无法在建筑安装工程结束日前完成的工程，都有机会在未来逐步安装、建造、扩建、改建。从而，一个逐步建造的、可持续的住房体系得以实现（图8）。

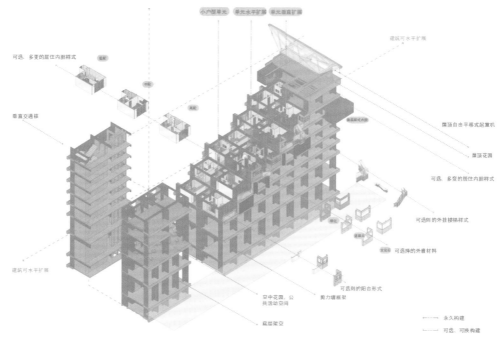

图8 保障房建造模式示意图。图片来源："技术呈现"奖084方案

"技术呈现"奖 084 方案：集装箱住房的设计应用与思考

中国是集装箱制造大国，设计产能约 600 万标准箱，年产标准箱 360 万箱，每年均有上百万个集装箱报废，一个 20 尺箱约 15 平方米，40 尺箱约 30 平方米，将退役或报废集装箱改造为房屋，是房屋建设的一种补充手段，也是一种绿色低碳的生活方式。在国外，集装箱房屋已非常普及。集装箱房屋可以有很多的用途，例如：住宅、商店、办公场所、酒店等。由于其具有可移动的属性，因此使用上相当灵活，既可以单个使用，也可以组合使用，一般 10 年为一个维修期，只需进行简单的翻新就可继续使用。

按照中国人的居住习惯，集装箱房屋短期内不会成为住宅的主流，但集装箱房屋作为一种半永久性房屋，可以作为住宅形式的一种补充。其特点是坚固安全、制造简单、可工业化制造和高效的可回收性，是一种绿色产品；如果设计得当，在狭小的空间里也可以享受很高的生活品质。在临时性和过渡性的情况下，集装箱房屋具有一定的优势。目前在建筑工地、旅游度假区等方面有很大的需求。通过对集装箱房屋的研究，掌握模数化、人体工程学、精细化设计、房屋的扩展性和灵活性，达到高效利用建筑材料的目的。从而提示人们合理利用资源，重视"人"在过渡期的生活，引发大家对"什么是保障性"问题的实质性思考。

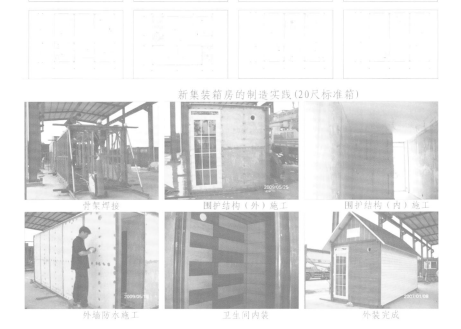

新集装箱房的制造实践(20尺标准箱)

骨架焊接　　　　　　围护结构（外）施工　　　　　围护结构（内）施工

外墙防水施工　　　　　　卫生间内装　　　　　　外装完成

"技术呈现"奖 009 方案：工业化建造方式设计研究

自动升降作业平台工法现浇钢筋混凝土结构

该建造方式是在施工现场利用自动升降作业平台取代传统塔吊、脚手架以及人工支模来搭建模板模架，现浇混凝土墙体与楼板，通过自动升降作业平台吊装楼板下部的预制板、预制楼梯以及预制飘窗构件。该工法的使用能够实现整层楼在4天内按8道工序在电脑控制下顺序完成建造过程，达到100米高的建筑在5个月内封顶的施工进度。建筑封顶后可使用固定塔吊屋面拆卸操作平台，标准升降架可逐层回落至地面拆装。整个建造过程方便易操作，施工周期大大缩短，节省了预制墙体与楼板的工厂生产成本与运输成本，现场施工条件得到一定的提升，减少建筑材料的浪费与建筑垃圾的产生。

自动升降空间钢结构作业平台

自动升降作业平台工法是保障性住房产品设计标准化走向施工建造方式标准化的方法，是确保"建造成本可控、工程质量可控、建设周期可控"的重要手段，适用于高层、超高层、住宅剪力墙结构体系。主要特点有：整个建造过程不用木材，改用憎水特性良好的工程塑料模板，周转次数大于100次；建造周期四天一层循环；技工与施工机械整体租赁，用工不超过15人；除钢结构施工平台模板、模架和标准化产品配套外，传动机械、升降架、吊车与升降机则为标准化构件；以一次性摊销建安成本相比较，比传统方式节约成本12%~15%，计算重复使用，节约成本更加显著。

自动升降空间钢结构作业平台

2. 在基础结构框架内结合住户需求与能力的自主营造

　　保障性住房应倡导个性化、多样化的混合型住宅居住格局，引导不同需求人群混合居住。为此，对住宅户型设计需要注重人性化和适用性，针对居住人群的特点和需求，提供不同的空间结构，方便通过自主营造创新空间布置，优化功能使用等，扩

大保障对象的自主选择性，使其能够在自身支付能力之内完成住宅建造。当然，这些都需要在一个制定好的公共框架中进行，以此来保障公共利益与安全。这个公共框架应考虑住房全寿命周期内使用功能调整的需求，优先选用可划分空间的结构体系，为空间的可变性、灵活性创造条件，满足不同阶段、不同家庭的居住需求（图 9）。

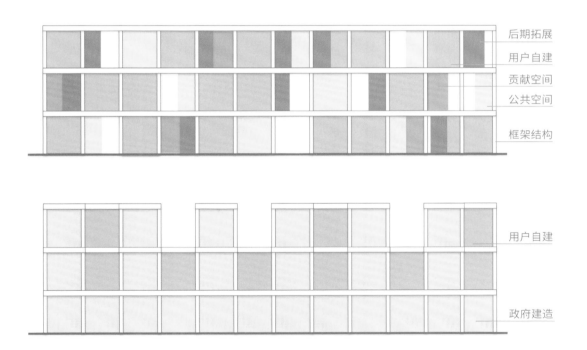

图 9　在基础结构框架内结合住户需求与能力的自主营造。图片来源："万人"规划奖金奖 012 方案

"万人"规划奖金奖 012 方案"人民的城市 CITY FOR PEOPLE"：预制混凝土立体结构 + 开放式营建系统

为体现城市生活的多样性面貌，在大的公共框架内（预制混凝土立体结构 Mega Structure）利用开放式的营建体系及简化的工法（轻钢构系统），让原本由少数开发商持有的建造权及商品利润分散至由城市居民自行组织的团体，如各公司、行号、家族等，组织小型建筑开发单位，甚至个人。如此一来，人们可以在选址方面有更多自主性，房屋样式可轻易增加数十甚至数百倍。而在入住后，开放的构造系统也可以让居住者在日后的生活中进行增加、改建，往后数十年甚至数代，居住者可持续改善生活周遭的空间与环境，以符合生活的变化及容纳更多生活的想象。让庞大多样的人民的力量能够真正投入对公共环境空间的细致营造。

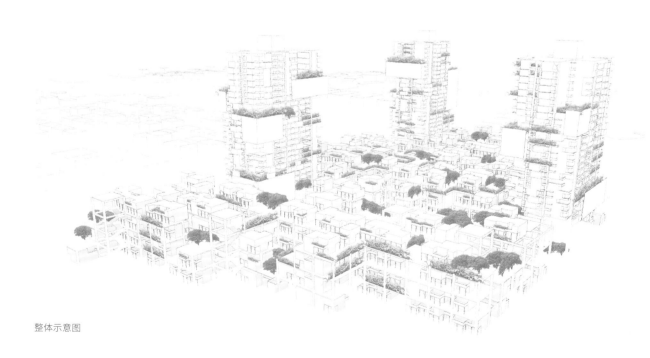

整体示意图

半间房屋：一个容纳成长与改变的框架

　　智利的 Quinta Monroy 是位于城市中心区的一块空地，那里密集地排布着一片可容纳 150 个家庭的非正规房屋群，居住条件恶劣。2003 年政府机构为改善贫困居民的居住条件，与建筑设计公司 Elemental 合作，希望对该地区进行改造。

　　Elemental 认为预算只够建设每个家庭所需面积大小的一半，所以 Elemental 团队的策略是把房屋设计成一个提供有关用途的开放系统和一个整体上的完整结构，但只对每个公寓的一半空间进行建设。剩余一半的空间需要居民花费时间和精力自行建设，这给居民提供了按规制要求建设或按实用需求建设的空间。由于每个公寓的一半最终将自建，建筑必须多孔，足以让每个单元扩大它的结构。因此最初的建筑必须提供支持框架，为了便于扩建，同时也避免随着时间的推移发生任何对城市环境有负面影响的建设。

　　Elemental 团队在设计过程中一个重要的品质是通过不同手段来积极融入社区。设计开始阶段，设计师与居民共建了创意坊，和居民一同讨论理念和创意；给儿童展示基本寓所单元的图画，询问他们对未来住房的期望。Elemental 和居民一同制定了严格的建筑条例来指导建筑装修，社区选出了一些代表来执行和监督条款要求。在这个过程中，居民也对单元扩张和维护的合适模式给出了建议。最后，Quinta Monroy 的开放性还考虑到了一个细节，即在很多案例中，居民的老房子拆毁后的废料还会在新居之中得到使用。

　　Quinta Monroy 项目的成功在于和当地社会文化保持紧密联系。因为居民们已经习惯于自主动手，项目中体现的自主组织建造的策略对居民们来说既熟悉又实用。更进一步的是，由于受到低成本和最小化寓所数量的限制，在发达国家的标准下，居住环境的等级较低，但是如果理解了其过程和实质，那么可以认为居住环境的改善程度是惊人的。由于 Quinta Monroy 的居民仍旧生活在贫困中，提供一个能够成长升级的半成品建筑设施比提供一个完整的建筑要好。[12]

  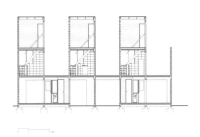

半间房屋

参展作品 09 预制：城市山林 - 魔力方新型房屋 +UAO Creations

　　城市山林最初是用来形容镶嵌在高密度姑苏城内的苏州园林。以现代城市学的角度去看，城市山林并不是一个简单的描述人居空间的形容词，它同时可以引发我们对于其他层面的思考。比如说，关于私人居住空间如何与城市公共空间调和，关于如何以建筑手段解决社会问题，关于空间密度如何影响空间质量，关于传统文脉如何应对现代尺度，关于人居微环境如何形成城市的永续体系，以及关于理想主义如何实践于现实主义之中。

　　BLOX 魔方组合屋是临时建筑，它可以存在于一些禁建的非建设用地之上。选择深圳市有特色的若干城市广场，将我们的设计 BLOX 植入到城市公共空间中，内部按照一户人家的配置进行室内布置。于是，一种奇异的都市张力将出现——私人的居住空间 V.S. 城市公共空间。当一切建造成为现实，站在真实的"房子"前，你会明白，这给都市更新提供了一种新的可能性。

魔力方新型房屋 +UAO Creations

1. 徐虹. 住房支付能力视角下北京市保障性住房价格研究 [J]. 建筑经济, 2013（8）: 86-89.

2. 同上。

3. 出自: 李清新. 尴尬困局: 不努力买不起保障房 一努力工作又超标了 [N]. 人民日报, 2013-08-30. 转引自 http://finance.youth.cn/finance_house/201308/t20130830_3796486.htm

4. 陈骁鹏, 路苗. 保障房空置调查（下）[EB/OL]. （2013-10-18）[2015-08-15]. http://house.qq.com/a/20131018/013546.htm.

5. 刘东卫, 闫英俊, 贾丽, 等. 基于可持续建设理念的公共租赁住房设计与建造技术研究——北京公共租赁住房示范工程"众美光合原著"项目建设回顾 [J]. 城市建筑, 2013（1）: 30-33.

6. 出自: 胡恒芳. 住宅产业化是完成保障房建设任务的关键举措 [N]. 经济日报, 2011-05-05. 转引自 http://www.chinanews.com/estate/2011/05-05/3018585.shtml.

7. 吕晓兰. 谈建筑工业化的发展 [J]. 山西建筑, 2013, 39（18）: 14-15.

8. 开彦. 中国住宅标准化历程与展望 [J]. 中华建设, 2007（6）: 22-24.

9. 王维方. 住宅工业化: 理想很丰满 现实很骨感 [N]. 建筑时报, 2013-10-21.

10. 刘扬. 北京公租房将建产业化住宅 成本高成"瓶颈"[N]. 北京日报, 2010-05-24.

11. 孙鸿, 侯小伟. 美国第六希望计划与公共住房改造 [J]. 河北师范大学学报 (哲学社会科学版), 2010, 33（5）: 128-134.

12. Eric Bellin, 方朔. 一个容纳成长与改变的框架 [J]. 建筑技艺, 2012（03）: 60-65.

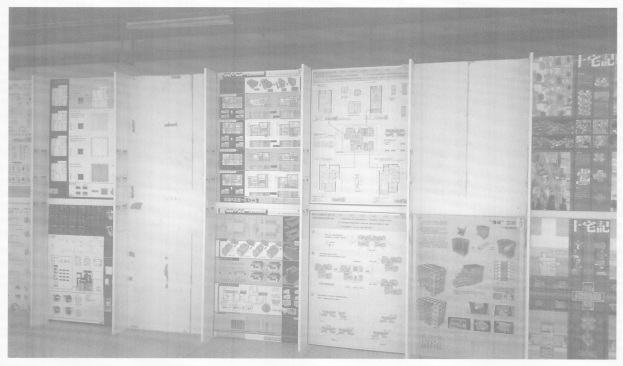

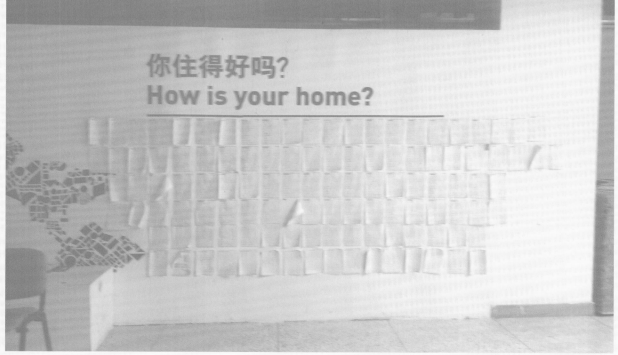

附录

"一·百·万──2011 保障房设计竞赛"项目时间轴

2011.05–06	前期筹备、确定研究内容
2011.07	分专题研究
2011.08-09	汇总、调整框架、进一步研究
2011.09.05	专家研讨会
2011.09.29	媒体沟通会
2011.10–11	设计竞赛
2011.12	竞赛研讨及展览
2011.12–2012.2	公众参与、《住区》出版
2012.06	成果整理、颁奖
2015.10	出版工作启动

政府部门　　开发商　　设计师　　学生　　社会公知　　研究学者　　市民

深圳市规划和国土资源委员会、深圳市城市设计促进中心

任务书

一户 · 百姓 · 万人家

1 UNIT · 100 FAMILIES · 10 000 RESIDENTS

主办单位：深圳市城市规划和国土资源委员会

承办单位：深圳市城市设计促进中心

中国第十二个五年计划确定 2011—2015 年全国建设 3600 万套保障性住房（可容纳上亿人）。由此自上而下分解，深圳的任务是同期建设 24 万套（容纳超过 80 万人）。这一自上而下、突如其来、大干快上的保障房建设任务，带来计划 / 需求 / 政策 / 土地 / 资金 / 规划 / 设计 / 建设 / 分配 / 管理等一系列困惑——设计在其中能做些什么呢？

受深圳市规划和国土资源委员会委托，深圳市城市设计促进中心（以下简称设计中心）开展保障房建筑设计创新课题，经过前期的系统研究，现提出"一户 · 百姓 · 万人家"（1 UNIT · 100 FAMILIES · 10 000 RESIDENTS）设计竞赛策划方案：

"一户"题目针对的是居住空间内的效率设计。

"百姓"题目引导关注以百户为邻里单元分解消化保障房任务的策略设计。

"万人家"则侧重探索在典型大社区中被忽略但又至关重要的低成本生活环境的规划设计。

这一简称"一 · 百 · 万"的竞赛题目的提出，是基于对现状保障房政策、规划、建设、管理整个链条存在问题的梳理和提炼，兼顾城市策略与政策研究、社区规划与建筑设计、住户需求与技术应用，还紧扣通过前期研究梳理出的以下焦点难题：保障房的必要性与真实需求、存量房屋 / 土地资源的善加利用、资金和房源的可持续流通、住房的低成本控制及相匹配的低成本生活环境的营造，以及如何汲取国外低收入社区 / 住宅的经验教训，等等。竞赛目的是通过这一创新活动，促进保障房问题得到更加理性与系统的设计解答，体现了设计中心"设计用来解决问题"的主张。

"一 · 百 · 万"竞赛活动欢迎任何人参加，特别鼓励跨专业联合团队（如建筑师 + 开发商 + 政策、社会、经济等领域研究者）及其补充调研，以拓宽设计解决问题的思路。参赛者可在三个题目中任选或多选，也可将三项当作一个整体来综合设计，或仅提供一张 A0 图幅的概念设计，或对相关规范标准政策提出改进提案。

竞赛评委会成员将包括海内外著名建筑师，评论家，政策、社会、经济研究学者如美国南加州大学建筑学院院长马清运等。获奖成果将在合作建筑期刊上发表，在深港城市 \ 建筑双城双年展中专题展出，并有机会被推荐实施，优秀提案也会推荐给政协人大代表，作为代表提案的参考素材。

一户（1 UNIT）

题目要求：

根据保障人群对住房的具体需求和支付能力（参见附件 1 或自我补充调研），为单身、双人、三口之家、三代同堂之家（夫妻、小孩、至少两位老人）进行设计或户型改造。

评价标准：

　　资源巧用——在满足同等功能、居住人数和最基本的人体工程舒适度的情况下，对空间容积、材料及能源的利用越巧越好。

　　使用弹性——空间灵活性（如配合可变隔断 / 家具设计）及后期改造扩展的可能性越大越好。

　　绿色技术——相同成本下，绿色节能减排技术（尤其是被动式技术）的应用越有效越好。

研究提示：

　　前期研究发现，深圳曾出现两拨保障人群通过资格审查却退选退购房子的现象。其中前一拨是因为房价超出其承担能力，后一拨是因为最新一期保障房比前期建筑面积及申请人预期小而抗议和退选。对前一拨人群来说，房屋租金 / 售价总数是否可承担优先于面积大小。调查发现，大城市核心地段紧凑超小住宅或经过再分隔的房中房，其每平方米租金反而可能比宽敞大户型高。因此保障房如何控制成本使其真正可负担至为关键，而控制户型的面积 / 容积是控制成本比较直接有效的手段。至于后一拨保障人群最近抗议保障房面积过小的案例，即说明保障供应要与需求相匹配，小户型空间效率及适用性的设计有待提高。

相关案例：

　　深圳城中村住房户型、市场出租房"房中房"改造、商品房小户型新探索、万科 15 平方米极小户型、可变家具设计、香港公屋最新户型、香港张智强百变自宅、日本胶囊公寓 / 酒店等。

百姓（100 FAMILIES）

题目要求：

　　自由选择深圳具体地段，根据保障人群不同收入层次（参见附件 1 或自我补充调研），提出 100 户（约数，80~200 户区间均可，下面提到 100 户时相同）邻里组成的单元土地供应策略。该策略可以是：

　　（1）对现有房屋（空置房屋 / 烂尾楼 / 城中村 / 老住宅区等）资源的充分利用或改建 / 扩建 / 插建。

　　（2）利用城市边角、闲置或难以利用的土地新建（新建建筑占地不得大于 3000 平方米）。可选择临时 / 一定年限可拆卸回收 / 或正常年限的建筑方式。在完成以上任意一种策略的详细设计的同时，利用所选策略或多种组合策略，提出在全深圳分解消化 2011 年 6.2 万套保障房任务的空间布局示意图。

评价标准：

　　资源巧用——在满足 100 户保障家庭需求的情况下，对土地、空间、资金、材料及能源的利用越巧越好。

　　城市共享——所选择的基地、房屋资源及提出的空间、经济、社会策略尽可能有利于保障人群融入已有社区、分享已有城市设施、减少通勤交通等。

　　技术应用——鼓励节能减排、标准化工业化探索和其他先进材料技术的应用。

研究提示：

　　前期研究发现，从统计看中国城镇人均住房面积已达 30 平方米，深圳甚至达到 40~47 平方米。因此，保障房不足及商品房价过高问题，实际非源于住房总体短缺，而是结构性的失衡。而自上而下大干快上的保障房建设，对各地城市土地和财政造成极大压力。仓促开展的保障房项目目前普遍存在位置偏远、配套缺乏、就业机会少、通勤成本高、保障人群将来集中化和边缘化等问题。充分利用城市住房存量及已有城市设施不仅事半功倍，而且有利于城市空间与社会结构的和谐共存，促进城市的多元活力。

相关案例：

深圳城中村布局、万科土楼公舍、集装箱住宅、波兰"狭缝住宅"、巴塞罗那菜市场公寓、鹿特丹大市场混合建筑、菊儿胡同改造、园岭新村福利社区自发改造等。

万人家（10 000 RESIDENTS）

题目要求：

根据保障人群的居住、就业和生活的具体需求（参见附件 1 或自我补充调研），在 4 公顷（±0.2 公顷）用地内（见附件 4）安排 10 000 人（约 3000 户）的住房、生活和部分工作环境。此题目针对深圳保障房目前绝大部分选址偏远、功能单一、简单复制商业地产小区等现象，重点研究和解决保障人群大社区普遍被忽略的问题：商业与部分就业 / 创业 / 谋生空间、生活服务设施（教育、文化、医疗、环卫、邻里交往等）和自治管理设施用房的需求与配置。

评价标准：

混合使用——土地性质与社会结构多样化。

便宜生活——自治管理，创造低碳可持续的低成本生活环境，增加就地工作机会，减少通勤时间。

社会融合——与周边城市融合，避免社区封闭化、人群边缘化。

研究提示：

前期研究最重要的发现是保障房除了要控制成本使住户可负担之外，还应通过规划设计为保障人群提供其所需的低成本生活就业环境（例如在小区内开设店铺作坊、种养、摆摊、相互提供服务、以及预留摆摊谋生者的营业车 / 工具收纳空间）。目前新建保障房小区普遍存在对商业楼盘的模仿简化（总图布置、建筑类型、园林绿化、封闭小区、物业管理等）的现象，并没有根据保障人群需求发展出相对应的建筑类型、配套标准以及规划、建设和管理模式。

相关案例：

深圳桃源村社区、深圳龙华保障区、深圳水围社区、香港天水围新市镇等。

保障房竞赛专家名单

保障房竞赛第一轮专家名单

姓名	职务
陈燕萍	深圳大学城市规划专业教授
高海燕	深圳市都会城市研究院院长、研究员
刘 珩	香港中文大学建筑学院副教授
马清运	美国南加州大学建筑学院院长、马达思班创始合伙人
文林峰	住房和城乡建设部住宅产业化促进中心副主任、研究员
王维仁	香港大学建筑系副教授
于长江	北京大学社会学系副主任、副教授
周燕珉	清华大学建筑学院教授
宋 丁	中国综合开发研究院旅游与地产研究中心主任、研究员
张之杨	深圳市局内设计咨询有限公司主创建筑师

保障房竞赛第二轮专家名单

姓名	职务
陈燕萍	深圳大学城市规划专业教授
高海燕	深圳市都会城市研究院院长、研究员
刘 珩	香港中文大学建筑学院副教授
宋 丁	中国综合开发研究院旅游与地产研究中心主任、研究员
张之杨	深圳市局内设计咨询有限公司主创建筑师
王晓东	深圳市华森建筑设计顾问有限公司总建筑师

"一·百·万"保障房设计竞赛
评审结果公告

佳兆业"一户"设计奖

金奖:
108 方案 深圳 蒋琳 郇昌磊 涂泉

银奖:
114 方案 香港 嘉柏建筑师事务所

佳作奖:
016 方案 深圳 深圳市筑博工程设计有限公司
031 方案 深圳 深圳市库博建筑设计事务所有限公司
　　　　 深圳 华侨城房地产有限公司
　　　　 武汉 科技大学建筑与城市规划学院
033 方案 德国 季圣 魏朝斌
125 方案 汕头 汕头市上层联盟建筑建筑设计事务所有限公司

佳兆业"百姓"策略奖

金奖: 空缺

银奖: 空缺

佳作奖:
005 方案 深圳 中建国际墨照工作室
030 方案 深圳 深圳市华阳国际工程设计有限公司
041 方案 深圳 Danil Nagy Silan Yip Darren Kei 林达
085 方案 广州 周梓深 黄祖锡 黄泳贤
185 方案 深圳 湛杰
189 方案 深圳 深圳市建筑设计研究总院有限公司

佳兆业"万人"规划奖

金奖:
012 方案 台湾 谢英俊建筑师事务所

银奖:
016 方案 深圳 深圳市筑博工程设计有限公司

佳作奖:
002 方案 北京 北京维思平建筑设计事务所
030 方案 深圳 深圳市华阳国际工程设计有限公司
038 方案 上海 铿晓设计咨询（上海）有限公司
092 方案 深圳 程昀 邓丹 林琳
130 方案 广州 黄祖锡 潘智维 赵汝章 李梦婕 周梓深 黄泳贤
　　　　 郑晶晶 娄力维 陈倩伎 冯敏华 朱晓君 （指导
　　　　 老师：季铁男）

佳兆业"AO"设计奖

金奖:

063 方案 深圳 李颖 曹泰铭 林煜涛

银奖:
110 方案 深圳 胡永耀

佳作奖:
067 方案 深圳 伍嘉洋 钟鸿毅 胡兴华
123 方案 上海 李木子 谭毓文 武筠松
130 方案 广州 黄祖锡 潘智维 赵汝章 李梦婕 周梓深 黄泳贤
　　　　 郑晶晶 娄力维 陈倩伎 冯敏华 朱晓君 （指导老师：
　　　　 季铁男）
147 方案 厦门 陆岸 张可寒 林晁光
161 方案 深圳 苏晋乐夫

佳兆业"政策"提案奖

金奖: 空缺

银奖: 空缺

佳作奖:
072 方案 深圳 郭湘闽 彭珂 谢煜 许静霞 石蓓 周景 许桐桐
　　　　 （哈尔滨工业大学深圳研究生院）
139 方案 深圳 段希莹 余力 王浩 黄薇 [香港华艺设计顾问
　　　　 （深圳）有限公司]
163 方案 深圳 白鹏 刘志丹 黄斌 邓宇

佳兆业"综合设计"奖

金奖:
191 方案
上海 苏运升 丁宇新 （上海同济城市规划设计研究院）
上海 苏运升 (上海易托邦建设发展有限公司)
北京 朵宁 覃立超 张晓玲 (度态建筑)
香港 高岩 (香港大学)
成都 张晓莹 (成都多维设计事务所)

银奖:
111 方案 深圳 深圳市坊城建筑设计顾问有限公司

佳作奖:
016 方案 深圳 深圳市筑博工程设计有限公司
038 方案 上海 铿晓设计咨询（上海）有限公司
199 方案 广州 陈熹子 邓晓东 梁华杰 林庄 谢志艺 朱慧

佳兆业"技术呈现"奖

009 方案
深圳 深圳市协鹏建筑与工程设计有限公司
深圳 深圳市建筑设计研究院孟建民设计研究
东莞 东莞市华楠骏业机械制造有限公司
　　　　 中建三局第一建设工程有限公司
084 方案 深圳 谷明旺 鲍国峰 侯育成 刘崇辉 黄素禹

"广厦千万·居者之城"展览策展说明

　　2011 年，住房和城乡建设部确定全国保障性住房建设任务是 1000 万套，标志着中国大规模保障性住房建设的全面展开。深圳同期建设任务是 6.2 万套，共计 4 百万平方米。保障性住房实践是一个复杂的过程，涉及政策、规划、设计、建设到最后的管理和分配。这一过程和快速大规模的住房建设，向建筑界提出了一个关键问题——设计在其中能做些什么呢？

　　"广厦千万 · 居者之城"保障性住房设计展广泛联合政府、企业、学者、建筑师、工程师、规划师、公众等各领域人士，共同探讨保障中低收入者居住对当代城市的混合高密度、可居性与宜居性带来的机遇和挑战。该设计展将展示"一户·百姓·万人家"深圳保障性住房设计竞赛的获奖及优秀作品。除了获奖作品的概念展示，设计展还包括八个设计或研究项目：人民、节点、单位、房屋、城市、国家、建造和预制。这九个展览将呈现当今保障房问题的创新设计及研究，涵盖从建造细节到国家政策的不同尺度。参展者包括建筑师、艺术家、教师、学生、发展商、记者、研究者、工程师与创业家。这项展览力求聆听参观者与公众参与者的声音，建立一个公众积极参与的平台。为增加与观众的互动，在展场中央设置调查区对观众的日常生活和住房需求进行问卷调查，调查结果会在一个装置中实时更新。通过这种互动，公众的声音成为展览的一个部分，也使本次展览成为讨论未来城市住宅设计的活跃媒介。

　　保障房建设往往是商业地产大楼盘模式在城市偏远地段的复制与简化，其弊端已被世界各地案例所证明。世界各地无数的例子证明大规模集中型的社会保障房发展模式将导致社会的分层，把低收入群体搬迁到郊区将导致社会问题。从 1970 年代起至今，大量的发达国家的社会保障房项目已经拆除。中国城市发展应当反思这一事实，尝试回避类似的结果。创新的保障房设计模式需要全新的思维、居住价值观以及技术和政策来倡导可持续的生活方式。此次保障房设计展探索的居住文化及设计原则，可以推广至其他住宅建设，以促进合理的资源利用，同时保持都市生活的质量。

策展人：杜鹃
主办：深圳市规划和国土资源委员会
承办：深圳城市设计促进中心

支持：深圳市人居环境委员会、深圳市住房建设局
协办：筑博设计

参展作品：
1. 居民：深圳百面 - 白小刺
2. 概念："一户·百姓·万人家"保障房设计竞赛参赛作品
3. 节点：一万元住宅 - 美国麻省理工学院 10K House Studio
4. 单元：万科土楼 - 都市实践
5. 房屋：树塔 - 标准营造
6. 城市：自发城市 - 香港大学 Urban Ecologies Studio
7. 国家：住房政策三十年 - 城市中国研究中心
8. 建造：标准化研究 - 卓越置业集团 + 协鹏设计
9. 预制：城市山林 - 魔力方新型房屋 +UAO Creations

后记

2010 年，住建部提出在"十二五"期间开工建设 3 600 万套保障房，这可能是人类历史上最大规模的一次住房保障建设工程。如果 3 600 万套住房统合起来，相当于十多个特大城市的住宅总面积，可解决近亿人的住房问题。随后深圳市安排建设 24 万套，总建筑量约 1 600 万平方米。

次年，深圳市城市设计促进中心正式挂牌，保障房项目是中心成立后接到的重要项目之一。起初，任务委托是组织一次创意竞赛，征集一批设计方案可以用作保障房建设的参考。作为刚刚起步的事业机构并充满热情地履行"城市设计创新的推广促进工作"，中心并没有将自己简单限定在组织竞赛的工作范围内，而是保持着观察、研究，甚至批评的身份，开展了大量的前期调研和竞赛命题工作。如黄伟文先生所提到的，当时开展的保障房研究是"热环境"下的"冷思考"：以"一户·百姓·万人家"为题，从户型、社区和城市三个维度挖掘保障房建设面临的一系列问题，同时挖掘各种解决思路的可能性。

从项目的前期研究、竞赛组织和展览策划，直到成果整理和出版，历经了八年的时间。八年的时间足以将热门话题变冷，但保障房问题始终是值得讨论的。本书的策划是从五年前开始的，那时中心正在很多项目实践中尝试运用"设计思维"工具，以问题为导向、用户需求为研究重点，试图突破传统规划设计依赖愿景的自上而下模式，探究设计创新的可能。"设计思维"是对前期研究和竞赛成果的"再造"，让本书找到了一个叙事逻辑。但由于中心的很多同事都参与了内容撰写，后期需要统一起来，加之其他工作繁忙，因此整理持续了很长的时间。

现在相较于八年前，城市住房的可负担性问题更加严重。在深圳，房价早已大幅上涨，新移民和中低收入家庭很难购置商品住房，参与到城市资源和财富的共享中。高房价及所引发的问题已经影响到社会和经济的可持续发展，对资源的有效调配和对居住系统的全面思考慢慢开始推动城市规划政策发生改变，而大规模新建保障房显然已经不是解决